前所未见的恐龙世界

DINOSAURS
NEW VISIONS OF A LOST WORLD

还原真实的恐龙外貌

[英]迈克尔 · J. 本顿（Michael J. Benton）著
[英]鲍勃 · 尼科尔斯（Bob Nicholls）绘
秦子川 廖俊棋 译

人 民 邮 电 出 版 社
北 京

图书在版编目（CIP）数据

前所未见的恐龙世界 ：还原真实的恐龙外貌 / （英）迈克尔·J.本顿（Michael J. Benton）著 ；（英）鲍勃·尼科尔斯（Bob Nicholls）绘 ；秦子川，廖俊棋译. -- 北京 ：人民邮电出版社，2023.8
（爱上科学）
ISBN 978-7-115-60653-2

Ⅰ. ①前… Ⅱ. ①迈… ②鲍… ③秦… ④廖… Ⅲ. ①恐龙－普及读物 Ⅳ. ①Q915.864-49

中国版本图书馆CIP数据核字(2022)第235745号

内容提要

曾经，所有的恐龙都被认为都有鳞片或膜质骨板，就像现代爬行动物一样。本书将颠覆大众对恐龙的全方面认知，展现恐龙世界的新科学发现。作者选择了 15 种生存于中生代时期的恐龙和其他四足类动物，介绍了每个物种的研究历史，以及古生物学家是如何复原这些物种的外表的，尤其是展现了这些物种的体表颜色是如何被科学复原的。书中的艺术插图都基于最新的化石证据和世界各地学术机构中进行的前沿研究，展示了这些物种最初的模样。你将从本书中看到五颜六色的恐龙，有的恐龙长着羽毛，有的恐龙的身体呈现保护色，有些恐龙有七彩的头冠，有的恐龙有翅膀。这些都是最真实的恐龙外貌。本书适合对古生物、恐龙感兴趣的读者阅读。

◆ 著　[英] 迈克尔·J. 本顿（Michael J. Benton）
绘　[英] 鲍勃·尼科尔斯（Bob Nicholls）
译　秦子川　廖俊棋
责任编辑　周　璇
责任印制　马振武
◆ 人民邮电出版社出版发行　北京市丰台区成寿寺路 11 号
邮编　100164　电子邮件　315@ptpress.com.cn
网址　https://www.ptpress.com.cn
北京华联印刷有限公司印刷
◆ 开本：787×1092　1/16
印张：15　2023 年 8 月第 1 版
字数：400 千字　2023 年 8 月北京第 1 次印刷
著作权合同登记号　图字：01-2022-4256 号

定价：179.80 元

读者服务热线：(010)81055493　印装质量热线：(010)81055316
反盗版热线：(010)81055315
广告经营许可证：京东市监广登字 20170147 号

前所未见的

恐龙世界

还原真实的恐龙外貌

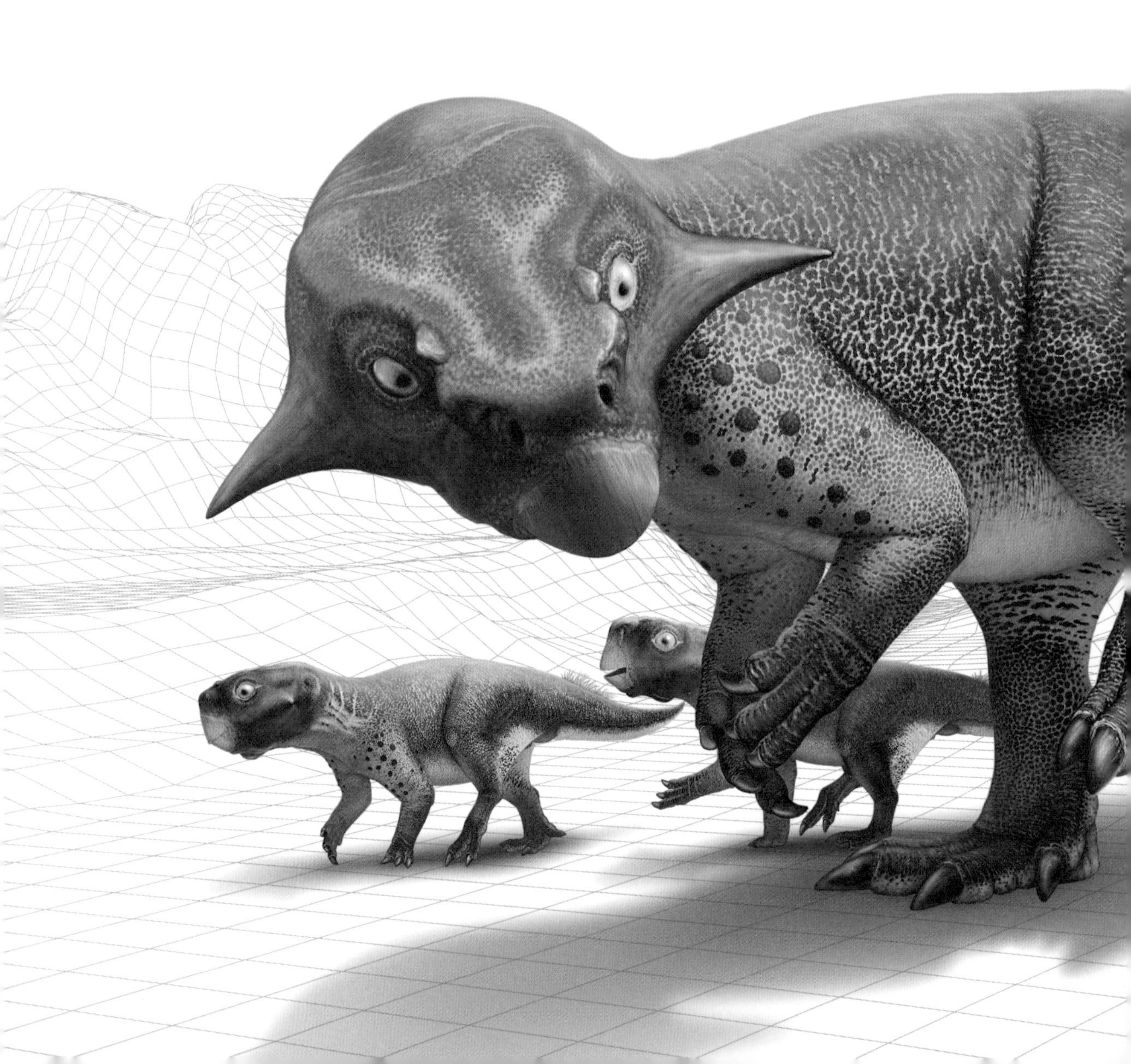

DINOSAURS
NEW VISIONS OF A LOST WORLD

中文版序

得知《前所未见的恐龙世界：还原真实的恐龙外貌》就要在中国出版发行，我感到非常兴奋。实际上，古生物学家们发现关于恐龙、灭绝的鸟类和其他远古爬行动物颜色的秘密的历程，就恰恰开始于中国，这一系列研究中最典型的例子是对中国发现的侏罗纪化石的研究。

2007 年，我第一次访问中国，当时周忠和与徐星两位教授盛情地接待了我们，并带领我们到辽宁进行实地考察，也就是在那里，我们第一次参观了这些化石的发现地。在这次考察之前，张福成教授曾在 2005 年来访布里斯托，并进行了为期一年的访问研究，在这一年里，他受到了英国皇家学会的资助，专门研究中国鸟类化石的特异埋藏过程。

通过对辽宁地区的恐龙化石和鸟类化石特异保存的皮肤和羽毛进行的显微观察研究，我们揭示了这些化石隐藏的真相。虽然这些化石都有超过一亿两千万年的历史，但在扫描电子显微镜下，我们甚至可以观察到它们的单个皮肤细胞，以及羽毛内部组织内最精妙的细节。我们还报道了我们发现的恐龙中第一例皮屑的案例——也就是夹在羽毛之间脱落的皮肤碎屑。这些皮肤碎屑告诉我们一个重要信息——这些恐龙是温血动物，如同现在的鸟类和哺乳动物一样。像蜥蜴和蛇之类的冷血爬行动物在成长过程中会一次性蜕去整张外皮。但如果动物身披毛发或者羽毛，那皮肤就不能完整地蜕去，只能先破裂成皮屑，然后再脱落。

在羽毛中观察到的微观结构，还包括黑素体，这是一种羽毛（或者哺乳动物毛发）中的胶囊状结构，内含不同的黑色素。黑色素有几种不同的模式，其中两种模式可以让毛发和羽毛带有颜色，而黑素体的形态可以展现这些颜色的信息。

因此，探索动物化石身上颜色的秘密其实并不难，但也需要非常谨慎，因为化石已经被压扁，并在埋藏过程中被加热，黑素体的形状发生了改变。

自从张福成和北京 - 布里斯托团队在 2010 年首次发现恐龙的颜色以来，研究化石生物身上的颜色已经成为一个非常活跃的领域。刚开始的时候，我们还是很紧张的，担心这种方法可能行不通，或者通过这种方法得出的结论被推翻。但现在，13 年后，随着相关发现和研究的增多，这种方法的科学性已经被广泛承认。

非常感谢廖俊棋和秦子川（他是我和中国科学院古脊椎动物与古人类研究所的研究员一起培养的博士生），感谢他们在本书的翻译过程中的辛勤工作和无私奉献。

希望读到这本书的你，也会对这些惊人的发现感到兴奋，就像我们刚刚开拓这个新的研究领域时一样。

迈克尔 • J. 本顿（Michael J. Benton）

英国官佐勋章获得者，英国皇家学会会员，爱丁堡皇家学会会员

目录

10　**前言**

32　**中华龙鸟**

一类生活在早白垩世的兽脚类恐龙。于1996年发现的一件带有羽毛的中华龙鸟标本永远地改变了恐龙在人类心目中的形象。

46　**近鸟龙**

一类生活在中-晚侏罗世的恐龙，它的发现为理解鸟类和恐龙之间的演化关系提供了全新证据。

60　**尾羽龙**

它们有羽毛，但是不能飞行：这是一类早白垩世的兽脚类恐龙，全身包覆着绒状的羽毛。

74　**小盗龙**

恐龙中的“空气动力学专家”：这类早白垩世的兽脚类恐龙有4个用来滑翔翅膀和较长的羽毛。

88　**始祖鸟**

它们是最早的鸟类吗？始祖鸟是一类生活在晚侏罗世的、具有飞行羽毛的兽脚类恐龙。

102　**孔子鸟**

发现于中国的早白垩世鸟类，也是人类最早确定体表颜色的灭绝鸟类之一。

118 **埃德蒙顿龙**

一类在晚白垩世的北美洲非常常见的鸭嘴龙类恐龙。

130 **始祖兽**

一类带毛的早白垩世小型哺乳动物。

144 **萨尔塔龙**

这类晚白垩世的蜥脚类恐龙是第一种有化石证据支持的具有甲片状皮肤装饰物的蜥脚类恐龙。

158 **鹦鹉嘴龙**

这种早白垩世的角龙类恐龙和它们的巢穴在化石记录中非常丰富，因此我们可以复原它们从胚胎一直到成年的样子。

172 **库林达奔龙**

一种生活在中-晚侏罗世的恐龙，它们的皮肤上不仅覆盖着鳞片，还覆盖着原始的羽毛，为我们认识羽毛的起源提供了全新的视角。

182 **狭翼鱼龙**

这种早侏罗世的鱼龙有着精妙的反阴影伪装，可以让它们更好地躲避捕食者的猎食。

196 **北方盾龙**

一类早白垩世的角龙，它们有一身红色的装甲甲片。

210 **蛙嘴翼龙**

一类中-晚侏罗世翼龙，它们有着非常短的尾巴，因此在狩猎的时候更加灵活。

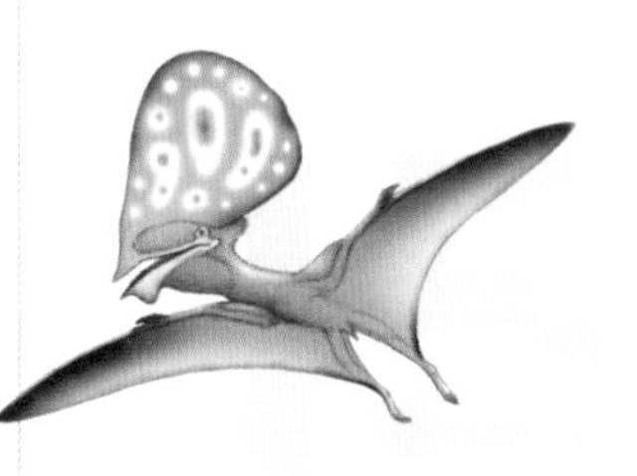

224 **雷神翼龙**

一类早白垩世的翼手龙类翼龙，它们有非常明显且颜色艳丽的头冠。

238 **图片来源**

前言

可怕的爬行动物还是巨大的毛球？

一个巨大的怪物追逐着逃跑的吉普车，它的奔跑伴随着大地撼动的声音；它一口就掀起一个简易厕所，咬住躲在里面的律师，一下子就吞了进去。这就是我们在史蒂文·斯皮尔伯格经典电影《侏罗纪公园》（1993年）中看到的霸王龙（*Tyrannosaurus rex*）形象。这确实是一个恐怖的情景：在黑夜中，霸王龙的鳞片、爪子和牙齿都在闪着寒光。这种经典的恐龙形象传播得如此广泛，以至于我们根本不知道为什么恐龙是这样的形象。但现在我们知道了，恐龙根本不长这个样子。

当然，电影中对于恐龙形象的有些猜测是正确的。科学家们可以根据肌肉在骨骼化石上留下的附着痕迹对其进行复原，在绝大多数情况下，四足动物有非常类似的肌肉类型。远在科学家们研究恐龙的肌肉之前，解剖学家们已经发现了人类、马、鸡和青蛙的前肢、后肢与上下颌都有着相似的肌肉分布。这些肌肉根据动物是否快速奔跑、飞行或者上下颌是否强壮有力而有所差别，但这些肌肉和骨骼构成的基本框架是一

一类晚侏罗世的翼龙，蛙嘴翼龙（*Anurognathus*）。它们是一种可以灵活飞行的翼龙（一类可以飞行的爬行动物），以昆虫为食。

致的。特定的行为，比如奔跑或者其他一些捕食行为，可以通过简单的观察来确定。举个例子，肉食性恐龙有牛排刀一样的尖牙，但植食性恐龙有钝牙，如楔状的牙齿。一些恐龙四足行走，前肢和后肢几乎等长，而有些恐龙是两足行走的，所以后肢比前肢要长得多。还有一些恐龙，比如霸王龙，前肢短得可怜，几乎可以确定这些“小短手”在运动中是毫无用处的。

恐龙的皮肤是什么样子呢？《侏罗纪公园》系列电影复原的恐龙皮肤是类似爬行动物的长满鳞片的皮肤。如果是在 1993 年，人们还可以接受这种恐龙形象；但现在，这种形象已经过时了。虽然我们对霸王龙的皮肤了解不多，但我们知道暴龙科的恐龙是有羽毛的。最早于 2004 年，科学家在中国发现了一种带羽毛的小型暴龙类恐龙，叫作帝龙（*Dilong*）。在当时，还没办法确定是不是所有的暴龙类都有羽毛，因为也可能只有小型的暴龙类有羽毛，像霸王龙那样的庞然大物，仍然被认为可能全身披着鳞片。但随后，中国发现了另一种带羽毛的暴龙类恐龙，也就是 2012 年被报道的羽暴龙（*Yutyrannus*），它们也是庞然大物，体形接近霸王龙，体长为 9~12m。

尽管有上述证据，在 2015 年和 2020 年，电影制作人依然喜欢拍摄身披鳞片的霸王龙。很遗憾，《侏罗纪公园》系列电影中恐龙的形象在科学上是不准确的。甚至，一位制作人公然声称：“我们希望我们电影中的恐龙看起来更吓人，也就是说要有尖牙利齿，身披鳞甲。而一只带羽毛的霸王龙，看起来就像一只过度生长的母鸡。”所以按这种道理讲，恐龙应该长成我们想象中的样子，然而回顾这些年来书籍上对恐龙形象描述的变化，我们可以发现恐龙形象已经发生了显著的改变。难道说，科学真相也比不过“潮流指向”吗？

重塑恐龙形象：像蜥蜴还是像哺乳动物？

恐龙最早是在英格兰被发现和报道的。最早发现的一批恐龙，包括在 1824 年命名的一种侏罗纪的肉食性恐龙——巨齿龙（*Megalosaurus*），在 1825 年命名的一种白垩纪植食性恐龙——禽龙（*Iguanodon*）和在 1833 年命名的一种白垩纪的甲龙类恐龙——林龙（*Hylaeosaurus*）。

19 世纪二三十年代，科学家们一直在尝试解开这些巨大动物的身份之谜。一些学者把这些恐龙描绘成巨大的蜥蜴：其中有一种对禽龙的复原，他们把禽龙的身长复原成了 60 多 m，并带有一个不成比例的长尾巴，远超它们实际上 6~8m 的体形。也有一些观点认为这些生物是神秘的、巨大的某种鳄类，但实际上许多当时发现的恐龙，比如禽龙和林龙，是植食性动物，因此人们并不支持上述说法。最后，在 1842 年，饱受争议的天才生物学家理查德·欧文意识到这些巨大的骨骼可能不是来自过度生长的蜥蜴或者鳄鱼，而是来自另外一类生物——一个从未被发现的动物家族。他注意到这些动物都有 4 个以上的荐椎，这点与现在的爬行动物很不同，也因为这些动物的庞大体形，他把这类动物称为“恐龙”，意为“恐怖的蜥蜴”。

一个非常古老版本的恐龙复原图，也是对这种远古生物最早的图像化尝试。
此图名为“蜥蜴”，是乔治·弗莱明·理查森的散文和诗歌集的卷首图，这本书记述了作者参观曼泰利安博物馆的过程，并描述了博物馆内的化石收藏，出版于1838年。

从多种意义上来说，欧文是典型的维多利亚时代的人物；从照片上看，他不苟言笑，非常严肃。他是阿尔伯特亲王的好友，一直致力于为大众普及科学知识，并且扩大科学在英国发展中的影响力，他还是维多利亚女王的孩子们的科学导师。1851年，在阿尔伯特亲王的倡议下，英国举办了一个前所未有的科技展来展示强大的科技实力。这个展览会被布置在一个巨大的钢结构支撑的玻璃展览厅内，展览厅大到可以覆盖大半个海德公园。在展览会之后，这些巨大的玻璃温室被拆解，重新在伦敦南部乡村装建，被称作“水晶宫”。欧文被官方邀请去布展新的内容以吸引游客，在这个花园里，欧文产生了一个重建远古世界环境的想法。他希望布展能够展示英国地质学家和古生物学家的全新发现，他想展示不列颠群岛的矿藏，尤其是与工业革命息息相关的煤和铁矿，并且

次页：
本杰明·沃特豪斯·霍金斯设计的1∶1复原的兽脚类恐龙——巨齿龙。这个模型完工于1853年，主要由砖、钢和混凝土构成，展现了欧文心目中的恐龙形象，一种类似犀牛的、温血爬行动物的形象。

展示基于矿藏恢复的远古地球的生态图景。他重建了一个石炭纪的沼泽，展示了不列颠丰富煤矿沉积的来源，沼泽之中遍布巨大的两栖动物和像海鸥一样大的蜻蜓。

非常巧合的是，欧文在复原恐龙的时候，准确地推测它们是温血动物。在19世纪50年代，这可是个令人惊讶的观点。在当时，大家普遍认为所有恐龙都是巨大的爬行动物，是缓慢移动的冷血动物，就像巨大而迟钝的鳄鱼。但是欧文认为恐龙是中生代爬行动物中的“王者”，因此他认为这些动物一定是温血的，并想象它们像现在的哺乳动物一样灵活。欧文复原的禽龙类似犀牛，四肢支撑着巨大的身躯，头部巨大，还有一个带角的鼻子。巨齿龙被复原成一种像犀牛一样大小的“猎手”，

重新布置的水晶宫展览厅示意图，前景是欧文根据自己的想象制作的恐龙复原模型，这张图是伦敦印刷商乔治·巴克斯特制作的。

而林龙被复原成了一种披甲巨兽[1]。如果欧文在当时能发现更多完整的化石，可能复原的恐龙形象会更加准确。欧文是一位颇有造诣的比较解剖学家，他非常了解各种现生动物骨骼和肌肉的细节，并可以与化石中动物的结构相互对照。多年来，他一直收集伦敦动物园死去动物的尸体，仔细解剖并详细记录。欧文对恐龙的认识是革命性的，这些模型证明当时人类对恐龙已经有了相当多的了解。

自 1855 年起，美国也陆续发现了一些完整的恐龙骨骼化石，这些化石表明很多已知的恐龙，包括禽龙和巨齿龙，是两足行走的。其中一类完整的恐龙化石属于鸭嘴龙（*Hadrosaurus*），产自新泽西州的白垩纪。

1　原文用的是 behemoth（贝希摩斯），《圣经》里面的巨兽。——译者注

约瑟夫·利迪在1858年命名鸭嘴龙属时认为，这种长达7m的动物是两足行走的：这种动物的后腿长度是前肢的2倍，也就是说它的后肢可以把躯体撑起来，它只用后肢就可以奔跑。但也许，鸭嘴龙在吃地面上的食物时，它可以向下蹲伏，让自己的前肢参与行走运动。这件骨骼标本于1869年首次在费城科学院向公众展览，这是博物馆第一次展览直立的恐龙。这与同时代欧文想象的像犀牛一样的恐龙完全不同！

这个发现掀起了从1865年开始并持续到1900年的北美恐龙化石发现的热潮，这段时间也被称为“恐龙大发现”或者“骨头战争”。为了争夺新发现的标本和命名权，两位古生物学家进行了激烈的竞争。爱德华·德林克·科普隶属于费城的科研机构，因此他受到更多利迪本人和利迪发现的鸭嘴龙的影响。科普在求学时期就已经系统地学习了古生物学知识，游访了欧洲各大著名博物馆，并在家族产业的资助下，在美国西部组织了多次野外考察。在当时，西部的铁路工人在施工时挖掘出很多巨型乳齿象的化石，还有一些其他的大型动物化石，也就是侏罗纪和白垩纪的恐龙化石。科普的对手是奥思尼尔·查尔斯·马什。马什是耶鲁大学的教授，他富有的叔叔乔治·皮博迪在1866年赞助他修建了皮博迪博物馆。科普和马什都有雄厚的财力和巨大的抱负，他们的考察队源源不断地把化石装箱，通过铁路运到东海岸。打开装化石的箱子之后，技术人员清理修复出骨骼，然后科普和马什会对这些新物种进行描述、命名，速度极快。正是因为他们的工作，人类才了解了异特龙（*Allosaurus*）、雷龙（*Brontosaurus*）、剑龙（*Stegosaurus*）、三角龙（*Triceratops*）和10余种经典的北美恐龙。

当时世界上最有名的恐龙艺术家是查尔斯·奈特，他是一位专门为博物馆和出版社绘制复原图的艺术家。他从19世纪90年代就开始绘制恐龙的复原图，也就是在科普和马什的恐龙大发现时代后期，奈特创作的艺术作品受到了科普和马什的伟大发现与纽约的美国自然历史博物馆恐龙展览的深远影响。他还花费了很多时间和精力研究动物园中的动物，观察它们四肢和肌肉如何运动。他把这些知识应用到了他的恐龙绘画当中，这让他绘制的恐龙栩栩如生。他很快就被各个机构雇用来绘制灭绝动物的彩色壁画，那些壁画里的动物活灵活现，他的作品获得了巨大的影响力，被世界各地的书籍和杂志（比如《美国国家地理》杂志）转载。

对页：
美国国家博物馆（现在的艺术和工业大楼）展出的福氏鸭嘴龙（*Hadrosaurus foulkii*）骨骼装架，照片拍摄于1880年，这件标本参考了费城自然科学学院的原始标本。

次页：
跳跃的伤龙（*Dryptosaurus*），查尔斯·奈特绘制于1897年。奈特对现生动物解剖学和行为学的详细研究使得他绘制的灭绝动物栩栩如生。

CHAS. R. KNIGHT
97

正确的恐龙姿态

这是一张简单的绘制于1969年的铅笔画，却记载着人们对恐龙身体姿态认识的革命性转变。在1969年之前，人们认为恐龙是笨拙、缓慢的动物，但在这张复原图之后，艺术家们展现的恐龙开始变得身体平衡、动作迅捷。

这张铅笔画绘制的是恐爪龙（*Deinonychus*），一只体形中等的掠食恐龙，在20世纪60年代，人类在美国蒙大拿州的上白垩统当中发现了这类恐龙的几个非常完整的骨骼标本。耶鲁大学的约翰·奥斯特罗姆领导了这次科考发掘，并在1969年发表了一篇详细的解剖学论文。奥斯特罗姆意识到，恐爪龙是很不寻常的一种恐龙——它非常纤细，仿佛为速度而生。它有长且有力的前肢，与霸王龙等大型捕食者的前肢退化截然不同，它的足部有最令人惊奇的弹簧刀一样的结构：第二脚趾上的脚爪巨大，就像镰刀一样。奥斯特罗姆认为，这种动物在行走或者奔跑的时候，需要把这只大脚爪收起，使其不与地面接触，否则这只大脚爪会很容易被磨损。他也展示了这些大脚爪如何在背侧收起，以及如何向下约180°挥刺。

奥斯特罗姆假设，恐爪龙用一只脚保持平衡，可能用很长的前肢来协助体态稳定，并用它的大脚爪去割裂它的猎物。他也指出了恐爪龙最可能的猎物——植食性的腱龙（*Tenontosaurus*）——比恐爪龙的体形大10倍，所以这些凶猛的捕食者一定已经进化出特殊的战术来削弱和杀死它的猎物。 因此，可以类比冬季狼群一起捕猎体形巨大的驯鹿会撕咬驯鹿的小腿，也许恐爪龙也可以通过它的捕猎策略而不是靠蛮力杀死一只巨大的食草动物，无论是单独狩猎还是成群狩猎。

这种保持身体平衡和使用聪明技巧的行为之前从未在恐龙中被发现过。除此之外，奥斯特罗姆认为恐爪龙是鸟类的近亲。无论从哪个角度讲，恐爪龙的骨骼都非常类似始祖鸟（*Archaeopteryx*）的骨骼——纤细的身体、强有力的后肢、长长的前臂、有力的手部、长而纤细的骨质尾部、尖的吻部和上下颌长着的小而弯曲的尖牙。这与维多利亚时代解剖学家托马斯·赫胥黎在一个世纪之前提出的观点相吻合。

赫胥黎是查尔斯·达尔文进化论的著名支持者，他认为在1861年被发现的始祖鸟实际上就是一只披着鸟类“衣裳”的小恐龙。但之后，不知为何古生物学家们把这个观点抛之脑后，不再认为始祖鸟这种带羽毛的恐龙是由兽脚类（肉食性）恐龙进化而来的。在他们的观点里，鸟类一定是起源于更远古的时代，粗略地说，应该比始祖鸟出现的时代要早5000万年左右，约生活在三叠纪。

奥斯特罗姆的发现让所有人都很满意。恐爪龙显然非常像鸟类，尽管它用长而有力的手臂来抓捕猎物而不是用来飞行，奥斯特罗姆已经畅想它身披羽毛的样子。但他没有这样说，因为他是一位严谨的科学家。幸运的是，他在有生之年看到了他的假说被1996年首次报道的带羽毛的恐龙——中华龙鸟（*Sinosauropteryx*）证实。

但这幅1969年的恐爪龙复原图并不是奥斯特罗姆本人绘制的，而是他的学生鲍勃·巴克的作品。巴克不是一个循规蹈矩的人，作为古生物领域的研究生，他的艺术天赋和技巧被世人极大地忽略了。这幅铅笔素描线条简单，清晰地展现了一只正在快速奔跑的恐龙。这幅图抛弃了传统的基于鸭嘴龙的、那种类似袋鼠的姿态，而采用一个前后平衡的姿态。当然，这是正确的姿态。作为两足动物，要么像人类一样直立站立，要么用四肢前后平衡身体。鸟类的尾巴很短，体重主要分布为大约一半躯干在膝盖前面，一半躯干在膝盖后面。恐龙有长长的尾巴，要像跷跷板一样保持平衡，头部和躯干在前面，臀部和尾巴在后面。当恐龙奔跑的时候，就像这张图一样，脊椎大致与地面平行。

鲍勃·巴克在1969年绘制的革命性的恐爪龙复原图，这张图基于约翰·奥斯特罗姆的发现，展现了恐爪龙标志性的脚爪和极致的平衡性——专门为快速奔跑而生。

从数据中发现证据：顶级的咬合速度与力量

真正纠正恐龙错误的姿态复原方式的其实是常识。基于基本的物理知识就可以评估不同姿态在运动时的平衡性：如果不平衡，就会摔倒。这种基本的生存游戏规则，在侏罗纪时代也是一样的。

古生物学家们将这类建构在常识上的方法，扩展到研究灭绝动物的生活方式当中。比如，动物可以跑多快是由两个因素决定的——相关的肌肉量和步幅的大小。肌肉量与最大速度成正比：快速的奔跑者，比如奥林匹克运动员，有发达的腿部肌肉。步幅同样与最大速度成正比：当你从慢走变成慢跑，再到全速奔跑，你的步幅会成倍增加。实际上，这些基本的物理学规律为我们提供了探索现生或者灭绝动物运动的简单公式。

这种方法最早是由罗伯特·麦克尼尔·亚历山大提出的，他是利兹大学的生物力学教授，他通过研究包括他的家人在内的一系列动物在北诺福克沙滩上留下的足迹，提出了脚印 - 速度经验公式。他发现他的计算方法适用于人类、狗、赛马、鸵鸟等所有动物。只要知道一种动物的步幅和腿长，他就可以准确地预测这种动物运动的速度。亚历山大指出这种方法也适用于灭绝动物，并基于此发表了一系列估算恐龙速度的文章。

但是我们可以相信这些估算吗？理论上来说，这个公式，以及这个公式在灭绝动物上的应用是比较靠谱的。约翰·哈钦森研究得出的肌肉量 - 速度公式进一步地证明了这一点，他是伦敦皇家兽医学院的教授。他独立计算了恐龙腿部的肌肉量并推测了它们的速度，并给出了接近亚历山大的估算结果：霸王龙的速度可以达到 27km/h，其速度远不及赛马大约 70km/h 的速度。利用现生动物作为研究灭绝动物的参照物，这种方法也被广泛地应用在恐龙食性的研究上，毕竟，谁不想搞清楚霸王龙咬合力的大小呢？

咬合力就是动物用上下颌咬住食物时产生的力量。颌骨在背侧有合页状的关节，而力量则是由连接上下颌骨和头骨侧面的肌肉产生的。肌肉越大意味着咬合力越大。大白鲨的咬合力可以高达 18000N，非常惊人，而人最高的咬合力是 1200N。10000N 相当于质量为 1t 的物体带来的压力，也就是说如果大白鲨咬住了不幸的游泳者，它对游泳者的咬合力超过质量为 1.8t 的物体压在游泳者身上的压力。

但与霸王龙相比，现生的所有动物都会自惭形秽。霸王龙的咬合力据估算为 35000~57000N，也就是质量为 3.5~5.7t 的物体产生的压力。这些数据可以通过两类方法计算得出，一种“高端”，而另一种却像家庭科学小实验一样简单。“高端”的方法是根据对霸王龙头骨的材料性质和它头部肌肉的评估计算其咬合力。而简单的方法需要一点运气——只需找到被霸王龙咬过的物体即可。有一个满足此条件的发现，一具三角龙的化石，它的大腿骨被霸王龙咬过，有大约 3cm 深的咬痕。铁制牙齿咬牛骨的实验表明，形成这么深的咬痕至少需要 6400N 的咬合力，这远小于霸王龙最大咬合力。科学家们也用同样的方法计算了巨齿鲨的咬合力，巨齿鲨是一种生活在 500 万年前的鲨鱼（远晚于恐龙时代），体长 16m（大白鲨体长只有 5m），并且它的咬合力也很大，接近霸王龙的咬合力。

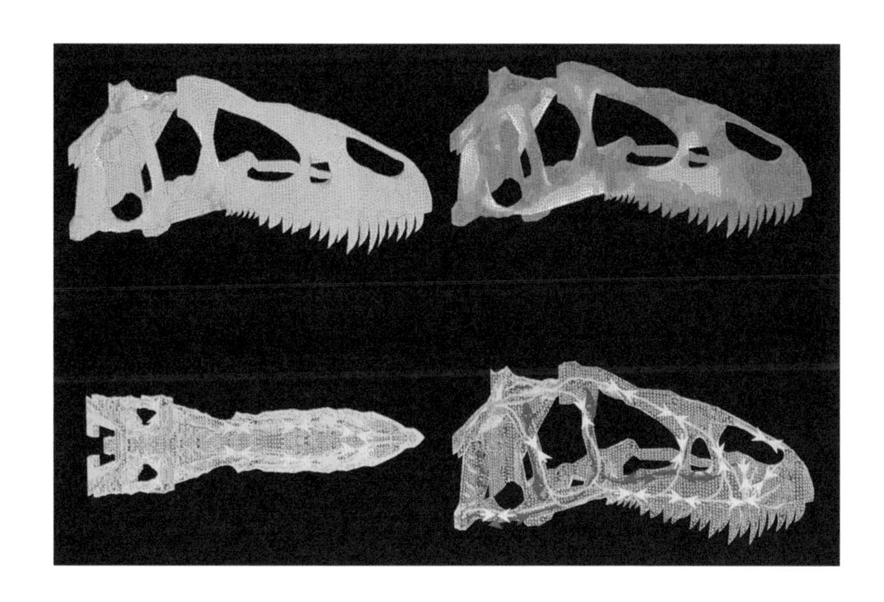

脆弱异特龙（*Allosaurus fragilis*）的头骨数字模型，这是一种晚侏罗世的掠食性恐龙。这个模型是艾米莉·雷菲尔德在研究它的力学性质的时候构建的。图中下方的两个头骨展示了头骨压力（黄色箭头）和张力（红色箭头）在侧视（右下）和仰视（左下）视角下的分布情况。这个模型是基于对异特龙头骨的断层扫描工作构建的，研究显示异特龙的牙齿可以快速地向下咬合，而不是像霸王龙那样强有力地、碾碎性地咬合。

分析科学

这些关于恐龙速度和咬合力的计算是“科学的”，这是因为它们是建立在所有科学理论都遵循的两个基本假设之上的。第一个基本假设是均变论：我们假设物理学法则在不同空间和时间都是一致的。麦克尼尔·亚历山大假设已灭绝的动物遵循脚印－速度经验公式，我们同样假设恐龙的上下颌遵循与现生动物一样的运动模式。第二个基本假设是循证科学原则：在计算霸王龙的速度和咬合力时，古生物学家们通过两种相互独立的方法来证实他们的发现。

这些进展在方方面面推动着古生物学的发展进步。每年，数百篇有关恐龙的论文发表在学术期刊上。如果你简单读一下这些论文，就会发现其中大部分内容是报道新物种的。它们的题目很类似：“在中国发现的新种恐龙是最大／最小／最宽／最短的”。这就是经典古生物学学者的工作。而现代古生物学则有趣得多，也更多样化。实际上，现在关于恐龙的一半论文是在研究这些生物是如何生活的，这些论文大都会使用横向思维对比研究，经常提出出人意料的见解，并不断重构我们对这种最大陆地动物的认识。

科学家们总是被极端的事物所吸引。几个世纪以来，生物学家们研究了大象的方方面面，想了解这种动物是如何长这么大的。大象巨大的体形带来了不同寻常的挑战：它们必须占有很大一片领地，只有这样才能有充足的食物为庞大的身躯提供能量；它们的骨架为了支撑庞大的体重也变得特殊；它们特殊的身体构造可以让它们快速运动，消化足够多的食物，并在非洲或者印度炎热的天气下避免体温过高，因此科学家们宣布这就是动物的上限了，不会有动物比大象更大了。

然而，恐龙要比大象大得多，许多恐龙的体重是大象体重的 10 倍左右（恐龙体重可能高达 50t，大象体重只有 5t 左右），而它们生活的环境与现在差别并不大。我们不能用侏罗纪的重力比现在弱这种理论来解释这个问题，也不能假设恐龙整天泡在水里来缓解大体形带来的生存压力。没有任何证据支持这些说法。恐龙确实打破了现生动物体形的“天花板”。它们是如何做到的呢?

真正巨型的恐龙，也就是蜥脚类恐龙（巨大的植食性恐龙），例如梁龙（*Diplodocus*）和腕龙（*Brachiosaurus*），兼具爬行动物和哺乳动物的特征。一头 5t 重的大象每天觅食要花费的时间超过 12h，要吃 225kg 的食物，其中 90% 的食物的能量是用来控制体温的。一头 50t 重的蜥脚类恐龙仅需要吃与大象食物相同重量的食物，因为它们并不需要通过内温性的方式来维持体温恒定（见本书 P147~P148）。另外，蜥脚类恐龙产的蛋比较小，也不抚育幼崽，因此一只雌性蜥脚类恐龙可以产超过 20 枚恐龙蛋，就算仅有 1~2 只恐龙幼体能成功活到成年，也足够保持其种群数量。但雌性大象要怀孕 18~22 个月，待小象出生之后，还得照顾幼崽。巨型恐龙的体重大约是大象体重的 10 倍，一部分原因是它们在育幼方面只需要不到 1/10 的精力。

最新进展

那么，恐龙研究的现状是什么样的呢？我们现在可以研究恐龙的食性和运动方式，还可以研究更多关于恐龙育幼的信息（或者说关于这种行为的研究在整体上是缺少的）——恐龙蛋巢和恐龙蛋很容易被发现，有些时候还可以发现蛋中的恐龙胚胎。我们可以通过研究特异埋藏的植物、昆虫和其他动物化石，揭示恐龙的生态，古生态学家可以重建食物网，研究古代环境中复杂的能量流动。

本书的主题是讨论恐龙的外表——它们的颜色、花纹和皮肤衍生物的状态。从前这种主题的书是不可能存在的，因为人们以前认为所有的恐龙都是带着鳞片或者骨甲（皮肤内的骨质板片）的，就像现在的蜥蜴那样。鳞片常见于鱼类和蜥蜴当中，由透明的角蛋白构成；许多鳄鱼也是身披骨甲的。许多恐龙也是有骨甲的，我们明确地知道这一点，因为骨甲由骨质构成，很容易被保存成化石。因此，在以查尔斯·奈特为代表的早期古生物复原艺术家的手笔下，恐龙总是被复原成身披甲片的形象，并经常绘成绿、棕或者卡其色。

然而，事实并非如此。

约翰·奥斯特罗姆和鲍勃·巴克在 1969 年打开了恐龙新世界的大门。他们的假说认为，一些兽脚类恐龙，大约在鸟类起源的时代，就已经是活跃的、温血的、可能身披羽毛的动物了。

小盗龙（*Microraptor*），一种四翼恐龙，它的前肢和后肢上都长着很长的飞羽，具有现在鸟类的典型特征。这意味着小盗龙具有空气动力学特性，可以滑翔甚至主动飞行。

羽毛：赶时髦还是真有用？

从 1995 年开始，在中国的北方陆续发现了一系列惊人的恐龙化石，奥斯特罗姆和巴克的预言得到了证实。每一件标本都比上一件更加精美，展现了小型的兽脚类恐龙身披各式各样的羽毛的样子。最初发现的时候，这些化石是备受争议的——这也可以理解，毕竟当时很多人认为恐龙是没有羽毛的，羽毛是典型的鸟类特征。

但事实上恐龙确实是有羽毛的，而且有各种羽毛。很快，科学家们就在中国恐龙化石上面发现了现生鸟类中存在的各种羽毛，还有一些独特的羽毛类型。甚至并不只是小型兽脚类恐龙才有羽毛，一些大型恐龙，比如体长 9m 的暴龙类——羽暴龙也有羽毛。更有趣的是，羽毛不仅仅存在于兽脚类恐龙和鸟类当中，也存在于鸟臀类恐龙中，而这些植食性恐龙与兽脚类恐龙和鸟类关系是比较远的。这说明很有可能所有恐龙都是有羽毛的，恐龙羽毛这种结构出现的时间实际上远早于鸟类羽毛。

羽毛的发现开阔了人类对化石研究的新视野，这是因为羽毛中带有色素。在 2010 年，两个独立的团队分别研究确认了两种恐龙的颜色。一时间，恐龙摆脱了传统单调的、身披鳞片的形象。一些恐龙有非常漂亮的羽毛，羽毛上有不同颜色的条带、斑点或者亮片。这些发现引出了关于羽毛功能的新问题——羽毛是用来保温、社交和性展示的？还是用来飞行的？对鸟类来说，飞行的功能是第三出现的，但是其他两个功能中哪个是最早出现的呢？广泛的样本研究显示，最初的羽毛都是暗褐色的，说明保温可能是它首要的功能；在更高级的羽毛结构里面，我们发现了长尾羽、彩色条带状羽毛和其他用来传递特殊信号的羽毛结构，其功能是在求偶时吸引配偶，在许多现代鸟类当中也有类似的羽毛。

颜色也具有伪装的功能，一些恐龙的颜色是棕色的，这可以让它们更好地在枝叶间隐匿踪迹，逃避捕食者的追捕。除此之外，一些恐龙具有反影伪装（背部颜色深而腹部颜色浅），这可以模糊它们的身体轮廓，让它们在不同的光线条件下看起来不那么立体，比如在开阔地或者深林间斑驳的光线中。

在这本书里面，我们第一次尽可能精准地描绘一个恐龙世界的全新图景。在鲍勃・尼科尔斯精美的复原艺术作品当中，我们可以看到他对恐龙姿势、行为和外表的精美复原，让这些早已灭绝的生物跃然纸上。这些复原艺术作品的灵感依据的是对世界各个顶尖研究机构最新化石研究成果的仔细而批判性地审视和采纳。这只是一个开始——但也标志着依靠纯粹的猜想绘制恐龙书籍的时代结束了。

不同类型的羽毛有着不同的功能和用处。近鸟龙（*Anchiornis*）可能不能飞行，但是它的羽毛可以帮助它调节温度，向同类展现它的年龄或者性别。

明确恐龙的地质年代

地质学家的工作构建了标准的时间框架，推断出了地球的起源时间大约是 45.67 亿年前，而下面展示的地质时间区段是化石最为丰富的时段。举例来说，恐龙（非鸟恐龙）主要生活在中生代，起源于三叠纪，在侏罗纪和白垩纪达到繁盛，并在距今 6600 万年前的白垩纪末期灭绝。在此页我们列出本书中介绍的 15 种史前爬行动物、鸟类和哺乳动物的地质年代。

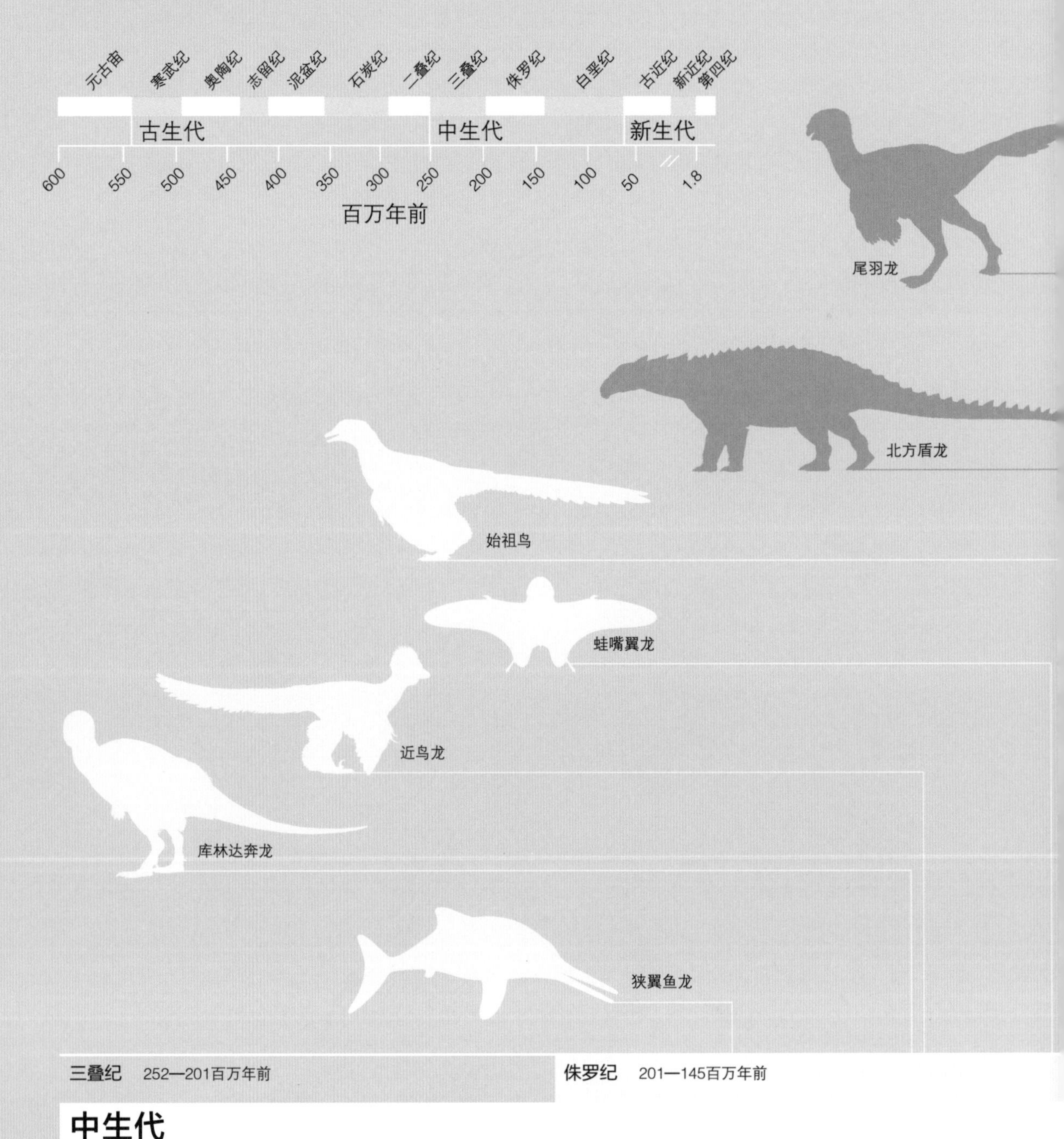

白垩纪 145—66百万年前

1

早白垩世 距今1.3亿—1.2亿年前

中华龙鸟

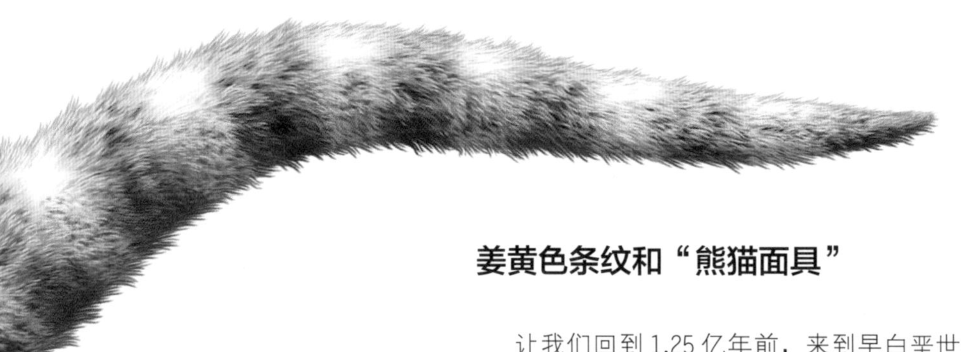

姜黄色条纹和“熊猫面具”

让我们回到 1.25 亿年前，来到早白垩世，看一看广阔而郁郁葱葱的中国北方。森林里面生活着大量的鸟类、哺乳动物、蜥蜴、蝾螈和许多其他接近现生物种的动物。昆虫在湖泊四周的芦苇和灌木丛中嗡嗡作响，森林附近的火山喷吐着浓烟。

忽然你听到了树丛中的沙沙声，一只敏捷的小恐龙正在追逐一只蜥蜴。就那么一瞬间，蜥蜴成了它的午餐。这种恐龙长约 1m，身披短的、像头发一样的羽毛，其羽毛颜色亮丽，上面有清楚的图案。它的尾巴上长有姜黄色和白色交叉且等宽的条带，像一个毛茸茸的老式理发店外的三色柱[1]。它的脸部也长着对应的条纹，眼部环绕着姜黄色的深色区域，形似“熊猫面具”。这就是中华龙鸟（*Sinosauropteryx*），已知最早的带羽毛的恐龙——在 1996 年，它的发现掀起了恐龙科学领域的一场轰轰烈烈的革命。

中华龙鸟属于兽脚类恐龙，这类恐龙包含一些肉食性的成员，也包括所有的鸟类。当奔跑到开阔地的时候，它仿佛融入明亮的阳光中，又仿佛消失在层层叠叠的棕色风景中。我们是怎么知道恐龙的颜色和图案的呢？这些颜色有什么功能呢？

巧妙的颜色调整

我们知道，现生动物的颜色或条纹状的尾巴都有各种功能，可能是像老虎的尾巴那样用于伪装，也可能像狐猴的尾巴那样用于展示。

在 2010 年首次发现中华龙鸟带有条纹的尾巴并确认它身上的颜色的时候，我们认为条纹主要的功能是伪装，因为我们认为它全身都应该有这些条纹，是一种混隐色的模式[2]，在树林间斑驳的阳光下，这种模式可以使得小恐龙躯干的边界看起来不是那么明显。但实际上，中华龙鸟身体是姜黄色的，腹部是灰白色的。这意味着它的条纹状的尾巴更可能是用来展示的，这改变了我们对恐龙的认识，因为这种情况在鸟类中要更加常见。虽

中华龙鸟的尾巴上的姜黄色与白色等宽的条带可能主要用于警告，或者性展示，非常类似马达加斯加环尾狐猴（对页）的尾巴。

1　一种欧洲理发店传统的柱状装饰。——译者注

2　一种保护色模式，比如斑马、豹子的颜色模式。——译者注

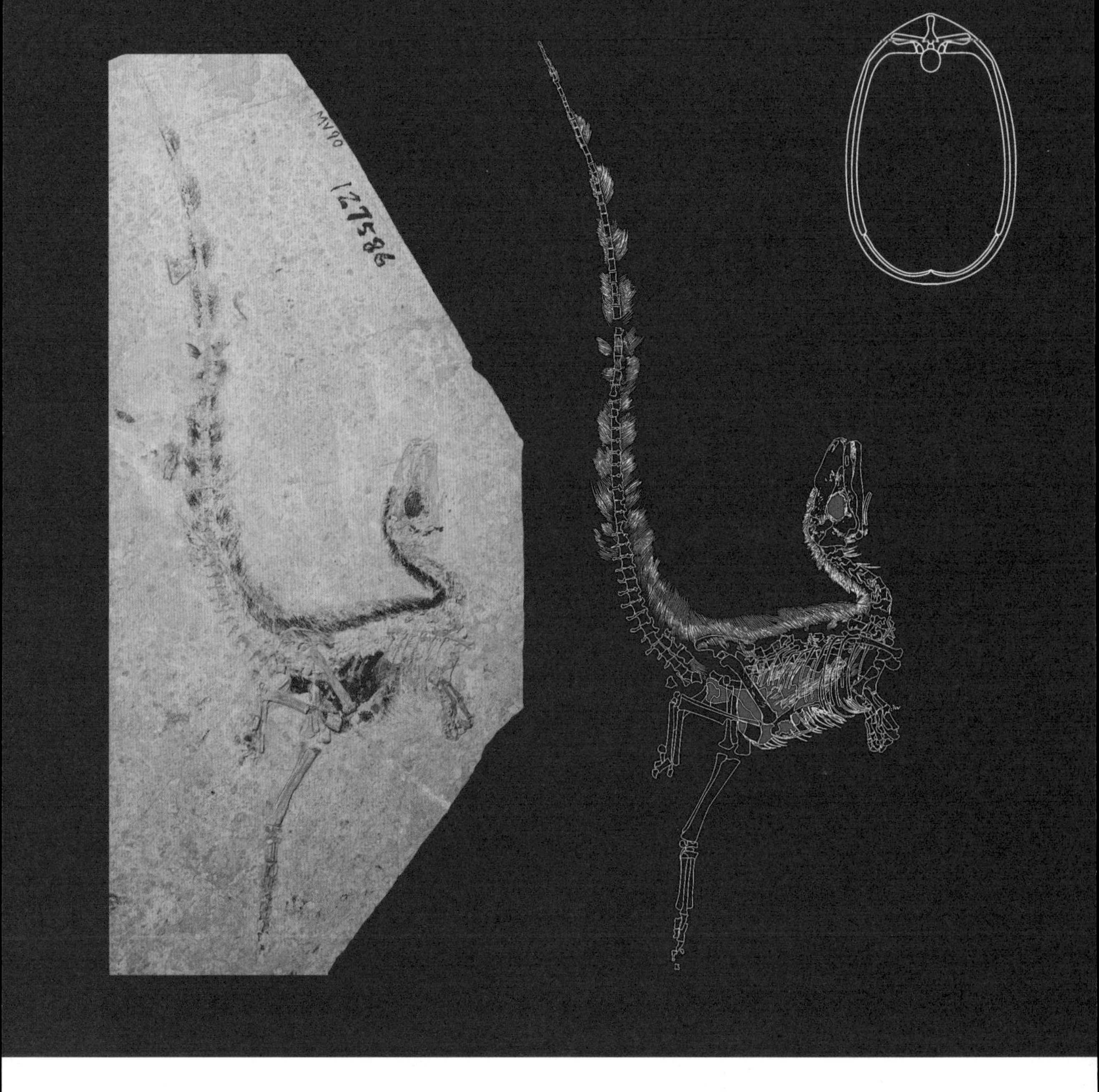

两件中华龙鸟的标本，NIGP 127586（本页）和 NIGP 127587（对页），每一页图都展示了照片（左）和线图（右），我们可以从中见到保存很好的羽毛和内脏。这两只恐龙的身长分别为 1.3m 和 1.6m。

两页右上角的白色简图展示了两只恐龙胸腔的横截面，可见两个个体一个纤细（左）一个粗壮（右）；胸腔的周长在我们尝试恢复这些恐龙身上的深色部分向下延伸的距离以及研究它们的反影伪装的效果方面有着重要的意义。

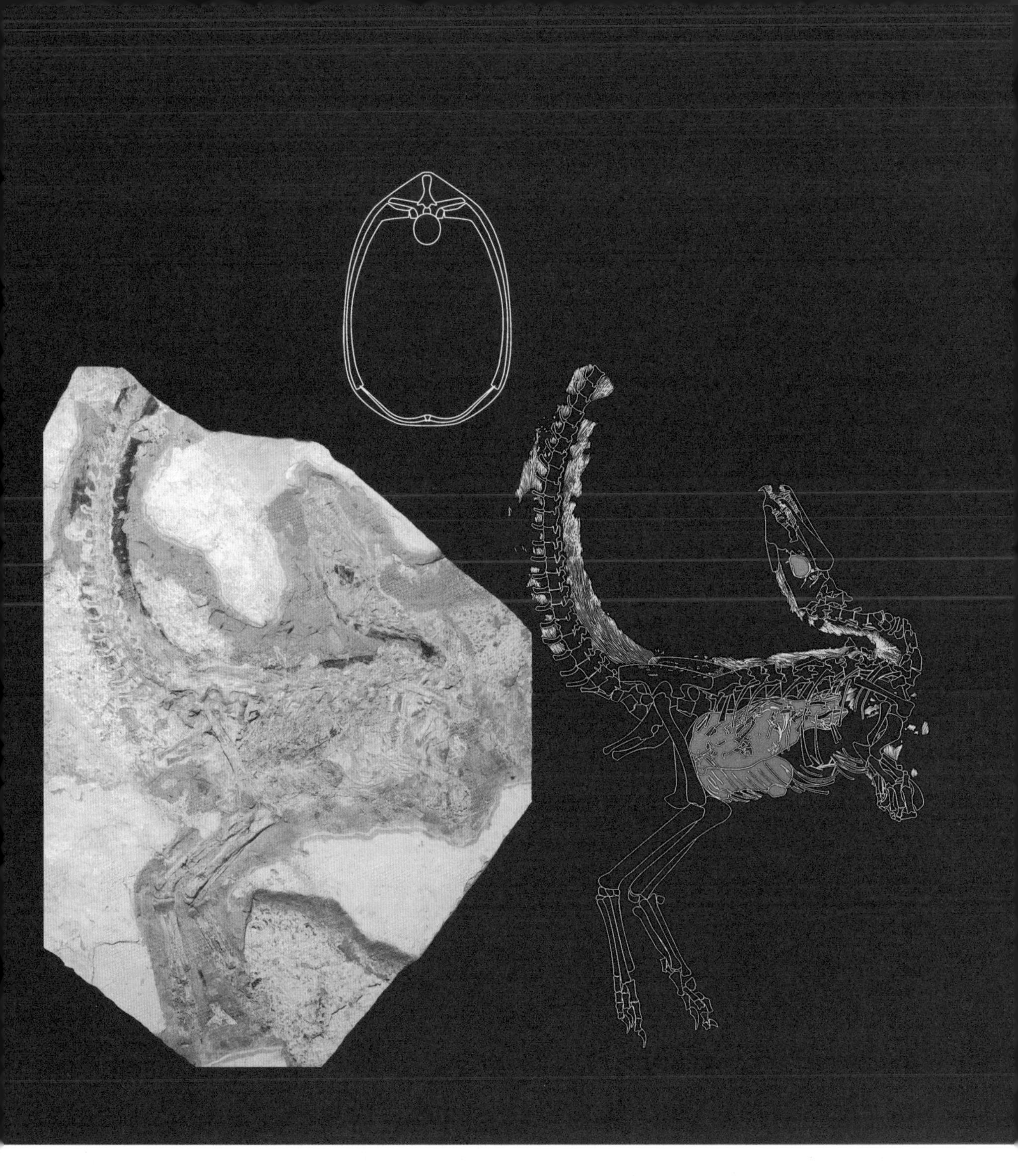

这类恐龙面部周围的色素痕迹被菲安・史密斯威克解释为中华恐龙有“熊猫面具”的证据，它们的面部颜色较浅，但眼睛四周是深色的。标本两侧的彩色羽毛显示它们的反影伪装程度不高。不同寻常的是，两件标本都保存了大量的内脏痕迹；胸腔里面有胃和其他器官的痕迹，但现在这些痕迹已经是很难区分的有机物团块。较大的那只恐龙胃里面有蜥蜴的残骸，这是它死前最后一餐的记录。

中华龙鸟奔跑时的双手和右腿。此图的重点是它的爪子，值得说明的是，从外表上我们直接看到的实际上是爪骨外部的角质鞘。就像人类的指甲是由蛋白质构成的一样，恐龙和鸟类的角质鞘也是由蛋白质构成的。爪子的角质鞘环绕着爪骨，延伸了爪骨的长度，一些情况下角质鞘延伸后爪子的长度可以长达爪骨的 2 倍。这种动物的脚爪上的角质鞘因为长期奔跑而磨损严重，但前肢的角质鞘弯曲程度很高，而且很锋利。

然中华龙鸟实际上与鸟类的亲缘关系很远，但这些姜黄色的小恐龙可能会在求偶期一边四处跳跃，一边挥动它们带有条纹的大尾巴来互相炫耀。

但它面部的图案是怎么回事呢？2017 年，布里斯托大学博士生菲安·史密斯威克和他的导师雅各布·温瑟尔认为中华龙鸟长有“熊猫面具”一样的面部图案，他们提出：这个图案的颜色是较深的，姜黄色的条带环绕眼睛，然后向后延伸，到达下颌部分。通过与现生的臭鼬和浣熊对比，史密斯威克和同事认为这可能是一个用来警告的图案，警告敌人自己是危险的生物，有着凶狠的“武器”，可能是恶臭的气味，也可能是尖锐的爪子。这个图案向大型捕食者传递了一个信号，如果受到攻击，中华龙鸟会毫不犹豫地还击。

史密斯威克和他的合作者也明确了中华龙鸟的颜色组合是典型的反影伪装，它的腹部颜色较浅，背部颜色较深。反影伪装浅色和深色的交界线的位置反映了恐龙生活的自然环境；像鹦鹉嘴龙这样的恐龙，它们的颜色分界线分布在身体两侧较低的位置，说明它们生活在密林中。在中华龙鸟身上，这条分界线分布的位置更高，说明它生活在光线更充足、视野更开阔的环境中。

实际上，在一些保存良好的中华龙鸟化石上可以看到明显的明暗分布的条带。但是，我们是如何确定深色的条带是姜黄色的呢？

复原远古的颜色

2005 年，我得知英国皇家学会设立了一项可以资助中国年轻学者前往英国深造的奖学金，即王宽诚奖学金。我给中国科学院古脊椎动物与古人类研究所的周忠和博士写信，询问他是否可以推荐一位符合条件的年轻科学家。他认为他的同事张福成是这项奖学金的不二人选，而且如他预料的那样，我们成功地申请到了奖学金的资助，张福成加入了布里斯托古生物研究小组，开展了长达一年的交流工作。除了衬衣和袜子，他来英国的时候还带了一些他研究的化石标本，其中包括一些带羽毛的灭绝的鸟类。我们当时就被这些精美的化石所吸引。我们问他，我们是否可以前往中国，现场研究一些这样精美的化石呢？他说当然可以。

2007 年，包括我在内的 3 位英国学者前往中国科学院古脊椎动物与古人类研究所，并参与了一个辽宁和河北地区的长达两周的野外活动，之后，我们又在研究所内花了大约一周的时间观察标本。我询问我们是否可以借一些标本回布里斯托研究？当得到肯定的回答后，我们满载而归，带着便携显微镜、一大摞关于辽宁精美化石的书籍和论文，以及一些带有羽毛的岩石样品和其他样品。我们初步的显微观察结果很好，于是我们让张福成在中华龙鸟及其他带羽毛恐龙、鸟类标本上进行了更多的采样。

张福成于 2008 年 11 月回到了布里斯托，我们把这些标本放到了扫描电子显微镜下面观察。我的同事帕迪・奥尔和斯图尔特・克恩斯有一个直觉——他们确信我们可以分辨出这些化石羽毛上保存的微小结构。他们在当时就确认了这些化石羽毛并不是印痕或者重结晶的结构，它们是三维的，有一点被压扁，很有可能能够展现羽毛的细微结构。

果然，我们发现了这些结构。

2008 年 11 月 27 日，我们第一次观察到恐龙时代的黑素体，并且接下来在所有标本中都发现了它们。黑素体是在构成羽毛的角蛋白（或者哺乳动物的毛发）中分布的一种固定大小的胶囊状结构，它证明了中华龙鸟披着的“原始羽毛”是真正的羽毛，而不是皮肤碎片。这解决了一个大问题。

这些黑素体让人类第一次知晓了这些羽毛的颜色。生物学家们已经明确了黑素体形态和色素色[3]的关系，这意味着我们可以证明中华龙鸟身体上分布着姜黄色和白色的羽毛区。它从头顶到躯干背部中线两侧都是姜黄色的，尾巴上长着白色和姜黄色交替的条带。

后来我们研究了更多的中华龙鸟标本，也对中华龙鸟和孔子鸟的羽毛样品进行了检验，它们都有类似的羽毛结构。我们把它们的羽毛与现生鸟类的羽毛进行了对比，发现现生鸟类的羽毛结构反而更加难以观察，因为现生鸟类羽毛结构是完整的，羽枝外表面是光滑的。斯图尔特·克恩斯设计了一种方法，他在液氮中将现代斑马雀的羽毛烘干，然后用物理击打的方式破坏羽毛结构。这些羽毛结构经过击打之后的破碎的表面，显示出了与化石羽毛上相同的破碎痕迹，证明化石羽毛上这些破碎痕迹是由化石四周的围岩碎裂导致的。这样，羽毛内部的结构就暴露在外，我们就可以观察到黑素体的结构了，同时也可以观察到角蛋白基质上的凹坑，这是脱落的黑素体所留下的痕迹。

我们在 2009 年春天完成了论文的撰写，并在 7 月把论文投稿到了《自然》杂志。这篇论文在经过 4 名审稿人的 3 轮审稿之后，在 11 月被接收，并在 2010 年 1 月被发表。我们终于可以宣布，人类有史以来第一次知道了恐龙的颜色，并且可以用这些证据来推测恐龙可能的行为。

这项工作之后，另一个关于近鸟龙羽毛颜色的论文也在几周之后被发表。这两篇论文都引起了巨大的轰动，并得到了广泛的新闻报道，事实上，如何分辨恐龙羽毛颜色被史密森尼学会授予了 2010—2020 年最重要的十大科研发现的荣誉。古生物学很少获此殊荣，它能够和诺贝尔奖级别的化学、物理发现相提并论。

这些发现与早期恐龙艺术复原相去甚远。而且，这不是中华龙鸟第一次让整个古生物学界大吃一惊。

对页：
一只中华龙鸟叼住一只大凌河蜥，并甩动头部。这类恐龙不会咀嚼它的食物，所以它叼起猎物，调整角度，从头部开始一口吞下。这也是在博物馆的中华龙鸟标本腹中有一具完整的蜥蜴骨骼化石（见本书 P35）的原因。这幅图展示了中华龙鸟姜黄色和白色的尾巴、身体两侧的反影伪装和它的“熊猫面具”。由鲍勃·尼科尔斯绘制。

3　由色素体形成的颜色。——译者注

Nicholls 2017

第一只带羽毛的恐龙

在前文中（见本书 P16~P17），我们知道约翰·奥斯特罗姆已经发现了恐爪龙骨骼上具有大量的鸟类特征，他的学生鲍勃·巴克也通过证明小型恐龙是迅捷的温血动物，这些发现极大地改变了人们对恐龙的看法。但是直到 1996 年中华龙鸟被发现，他们的观点才被广泛地承认。

故事是从一场学术会议，而不是从一篇论文开始的。当时的我只是第 56 届北美古脊椎动物学年会的一名普通与会者，正在参加这场由纽约自然历史博物馆举办的盛会。大部分正式报告或者海报很无聊，但是和同行在酒吧和咖啡屋里的闲聊却饶有趣味。这种年会会议，第一次有来自中国的一个小型代表团参加，这些认真的年轻人都身着深色正装，也许是因为第一次参会，或多或少有点紧张，但又都渴望着能有机会与业界翘楚面对面交流。加拿大阿尔伯塔大学著名的恐龙学教授、皇家泰瑞尔古生物博物馆的奠基人菲利普·柯里首先致了开幕辞，而接下来是奥斯特罗姆的报告。柯里参加过多次蒙古国的野外考察，也曾在 1996 年 9 月飞往北京，和中国科学院古脊椎动物与古人类研究所的资深恐龙专家董枝明一起研究恐龙化石，那时，董枝明告诉柯里一些关于不同寻常的鸟类化石的信息。1996 年 8 月，中国辽宁省的一位农民李荫芳发现了一件标本，李荫芳当时就意识到这是个重大发现。他把这件标本一分为二，也就是化石正模和印模，分别捐献给了两个独立的研究机构，北京的中国地质博物馆和中国科学院南京古生物与地质研究所。

率先研究命名这种恐龙的是中国地质博物馆的古生物学家季强和姬书安。他们以一个短文的形式，将其发表在了期刊《中国地质》上。这篇文章中并没有插图，但季强和姬书安将这件标本中的动物命名为中华龙鸟，学名原意是“中国的有爬行动物特征的鸟类”。这意味着中国地质博物馆的这半件标本成为正型标本。季强和姬书安认为这件标本属于一种鸟类，因为它有羽毛。

中华龙鸟最早被发现的一件标本，NIGP 127586，骨骼部分非常清楚。同时也可以看到胸腔内部的内脏部分和沿着头骨、背部和尾部分布的羽毛痕迹。

1996 年 9 月 25 日，柯里在中华龙鸟论文的发布宣传会上看到了这件标本。在中国地质博物馆，他看到了一件又一件标本，都装在丝绸内衬的盒子里面。若干年后，柯里回忆起这个场景，跟我说道：“当时他给我看了一件精美的鹦鹉嘴龙标本，接下来跟着他参观了昆虫、鱼类、蜥蜴和带毛的哺乳动物、鸟类……我当时以为他不会给我看中华龙鸟的标本，但季强毫无预兆地打开了一个盒子，里面的化石让我非常震惊。这件标本的骨骼保存得非常精美，我的注意力一瞬间就被那些羽毛吸引了，我当时就知道那一定不是矿物结晶或者真菌。仅仅在放大镜下，我就可以看到惊人的细节。这个发布会大约持续了一个小时。”

这件新标本是一具完整而纤细的恐龙骨架，化石板长约 1m。这只恐龙保持着一个芭蕾舞式的姿态，一条腿完全伸展，而另一条则蜷在后面，双臂抱在胸前，尾巴向后伸直，头颈向后弯曲。《纽约时报》后来引述柯里的话来描述他当时的感受：“我当时被这美妙的化石所折服。”柯里没多久就回国了，他回顾当时的经历：“回到加拿大几天后，我收到了一位中国同行及朋友陈丕基的电话。他告诉我这件标本的另一半就在南京，研究所当时收下了这件标本，并不知道另一半被中国地质博物馆所接收。他邀请我一起研究这件标本！我们约定好在几周后纽约的古脊椎动物学年会见面，并尽早再次前往中国。10 月 12 日，我前往了纽约。”在纽约，柯里和他的中国合作者向约翰·奥斯特罗姆展示了一些照片，这正是奥斯特罗姆梦寐以求的——带着羽毛的恐龙。他后来说，这些照片当时就“把他震惊了”。

1998 年，陈丕基和他的同事，以及柯里一起描述了这两件标本，发表在国际学术期刊《自然》上，并展示了清晰的彩色插图。当时，全世界的目光都聚焦于此。

这是发现中华龙鸟的化石点，靠近中国东北辽宁省的四合屯。这些湖相沉积的厚度有 30m，面积有 $50km^2$。化石收集者们劈开这些灰质薄层来寻找化石，有时候还会挖掘一些隧道来寻找特殊的化石。

2

近鸟龙

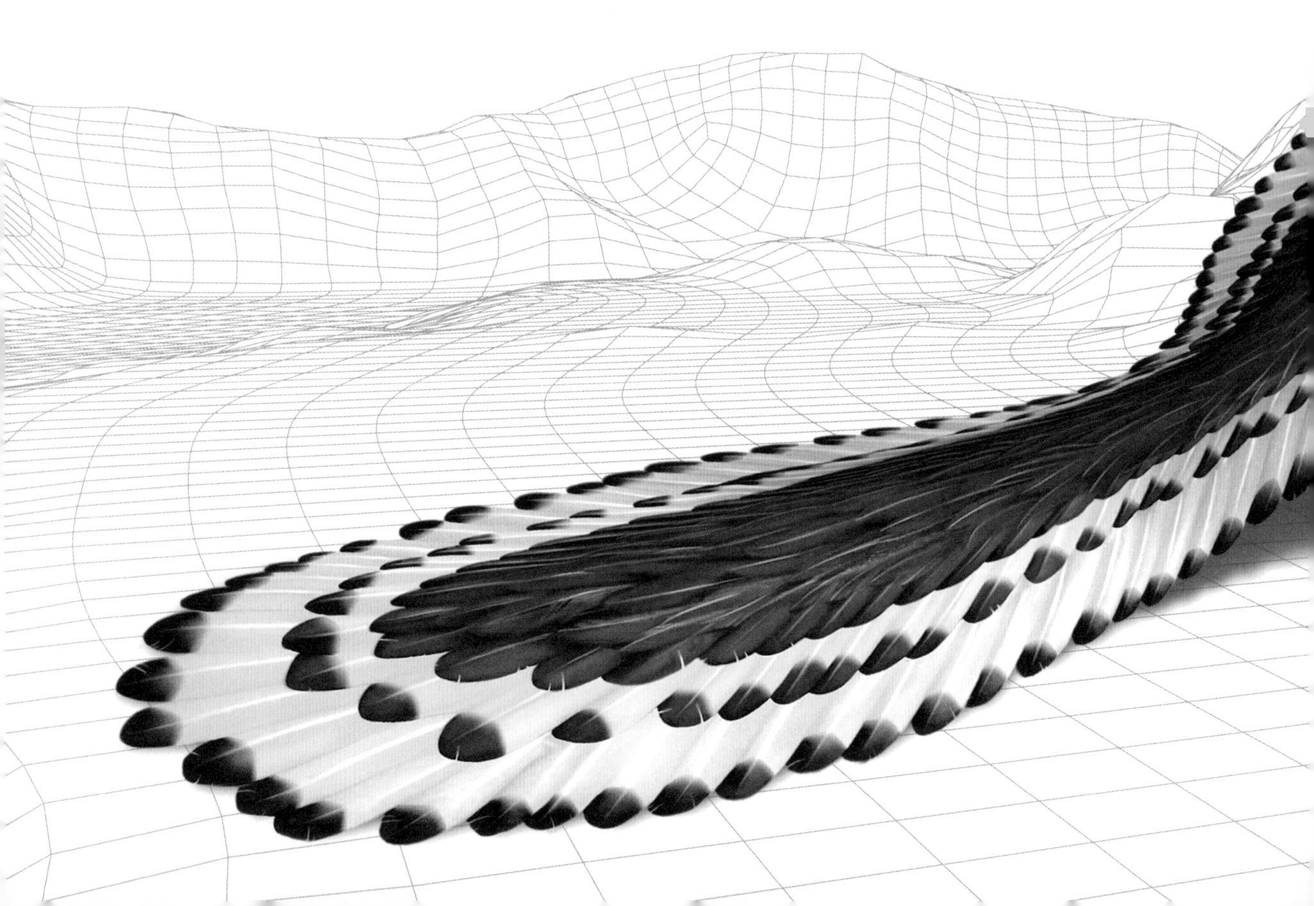

中-晚侏罗世 距今1.7亿—1.6亿年前

170—160

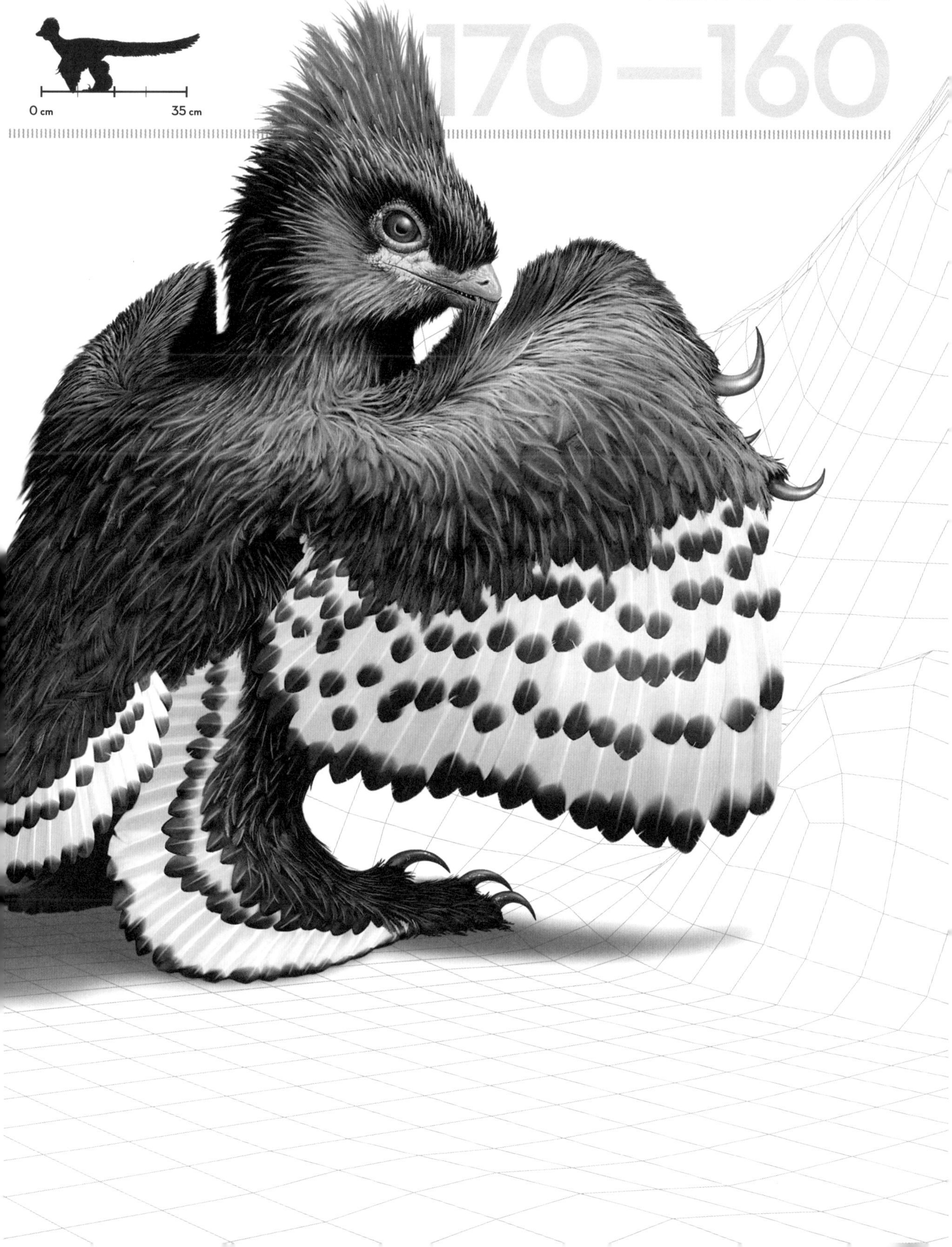

0 cm 35 cm

斑点和亮片

在讲完身披条纹的中华龙鸟，我们来到比它早 4000 万年前的中 – 晚侏罗世，也就是燕辽生物群的时段，这个生物群主要由生活在距今 1.65 亿年前的动物和植物组成。郁郁葱葱的植物环绕浅塘生长，各种昆虫——包括甲虫、蝉、蜻蜓和蟑螂——在落叶丛中穿梭。蝾螈在水池中游泳，蜥蜴则在水池边晒太阳，它们都能快乐地享受昆虫大餐。在水边的蕨类植物丛中，忽然一只身披黑、白和红三种颜色羽毛的动物蹿了出来。

看，这就是近鸟龙，一种小体形的、类鸟的恐龙，它有巨大的翅膀和长着羽毛的长尾巴，头顶上还长着一个红色的冠。不像中华龙鸟，近鸟龙有不同类型的羽毛，不仅仅有带状羽毛或者鬃毛，它的胸前、后背和脸颊上还有蓬松的绒状羽毛，这些绒状羽毛还遮盖着翅膀、腿部和尾巴上廓羽的根部。它的脸颊部分的羽毛主要是黑色的，散布着白色亮点和姜黄色斑点。最令人惊讶的是它的廓羽。当它展开翅膀时，我们可以看到不同颜色的条带，这些条带由许多带有黑色的末梢的白色带状羽毛构成。羽毛的尖端整齐地排列在一起，像屋顶的瓦片一样整齐，覆盖着羽囊和羽轴，形成了与翅膀和尾巴轮廓平行的黑色条带。

廓羽就是那些我们很容易在海滩或者路边捡到的羽毛。廓羽有一个中心羽轴——或者说一个中心轴——这是一个中空的结构。羽根深深地扎入皮肤上一种特化的小窝，也就是羽囊当中，这个结构类似我们的毛囊，但是有肌肉和神经，因此鸟类可以上下摆动它的廓羽，它们摆动廓羽时还能发出声响。

珍珠鸡的廓羽、羽轴和两侧的羽片，这些羽片由许多倒钩状的羽枝构成。

对页：
现代斑胸草雀，它的羽毛颜色全部都是由色素色形成的。其中，黑色、灰色、棕色和金色都是由真黑色素形成的，脸颊上的姜黄色部分是由褐黑色素形成的。

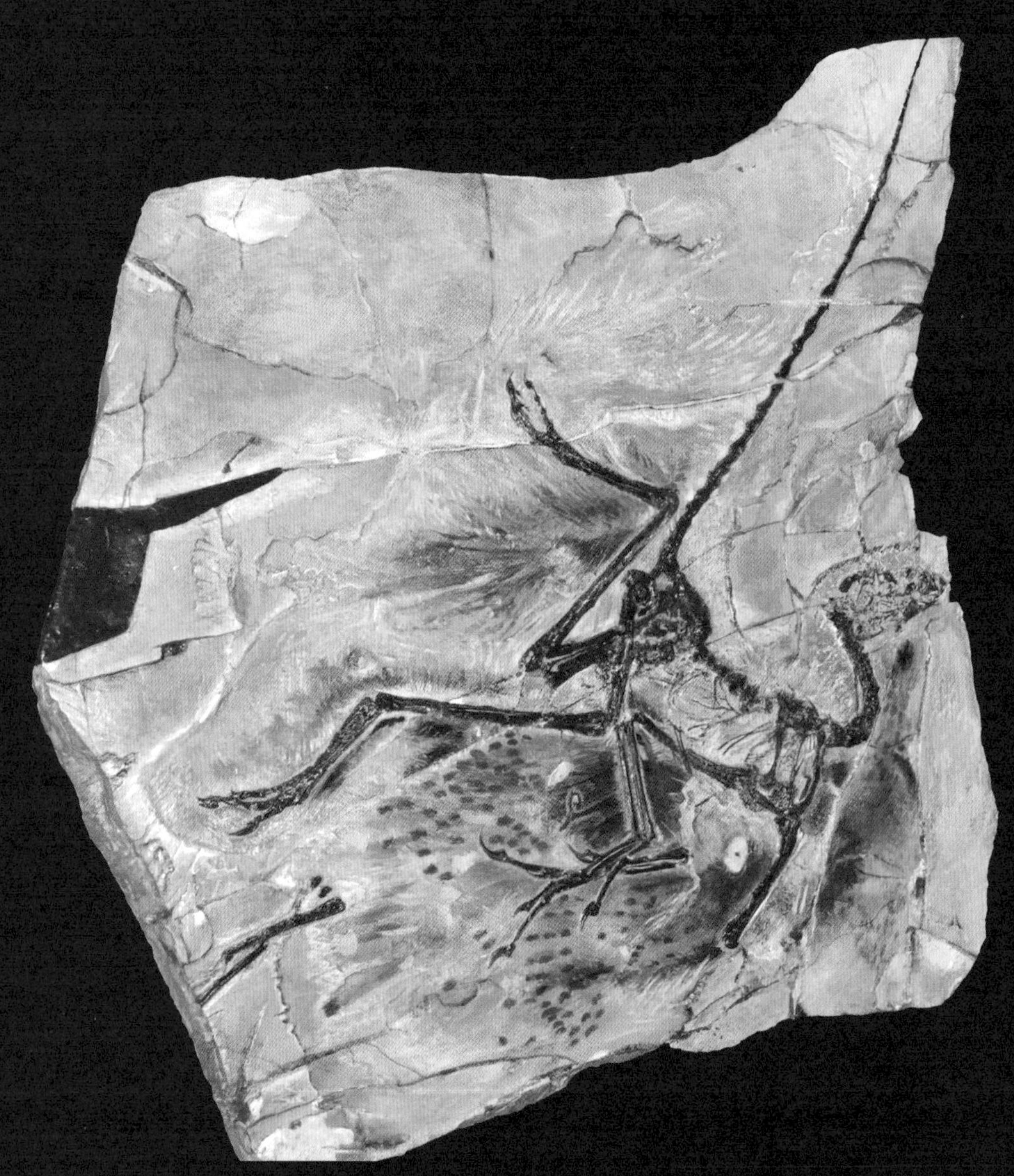

上图：产自中国东北辽宁省的近鸟龙化石，它的腿向左伸展，尾巴和头向右。该化石保留了翅膀上羽毛的惊人细节，展现了一级和次级飞羽上斑驳的黑色斑点。

对页：
凑近来看，乌鸦廓羽的微距照片，展现了中部斜走向的羽轴，羽轴上密布着向上的羽枝，大羽枝上聚集排布着相互交叉钩锁的羽小枝。这种精妙的结构使得羽毛有很轻的重量，同时强度足以胜任飞行。

廓羽的羽轴两侧长着羽枝，而羽枝两侧长着羽小枝。如果你把手指顺着企鹅或者海鸥羽毛的羽枝摩擦，就可以把相互锁住的羽小枝一个一个地分开。之所以会相互锁住，是因为羽枝和羽小枝上有小钩子，它们之间相互勾连，形成一束叶状的羽毛平面，这在与飞行相关的羽毛当中至关重要。如果羽毛的结构被破坏，气流就会穿过翅膀，鸟就会从天上掉下来。现在的鸟会一直梳理自己的羽毛，用自己的喙梳理廓羽，剔除夹杂在羽毛中的杂物，修复没有牢牢锁住的部分。我们可以设想，近鸟龙也会做同样的事情。

这只近鸟龙正在求偶。它站得很直，瞪着远处，羽毛沙沙作响。接下来它从地面跳上南洋杉的树枝，完全展开了翅膀。翅膀展开的同时，它的尾巴向后翘起，之后它又跳回地面，这真是一场漂亮的求偶表演。这只近鸟龙充满期冀地摩擦着自己的羽毛，但可惜的是没有人看到它——它唯一的“观众”是一只胖胖的甲虫，显然这个“观众”并不买账。

黑色素形成了颜色和花纹

我们在近鸟龙羽毛当中看到的图案——黑色的尖端相互叠覆形成条带，其他部分则是白色的廓羽构成的条带——在现生鸟类当中也很常见。尤其是海鸟，比如海燕、海鸥和白鹭，都有以白色为主的、带有黑色尖端的羽毛。这实际上也是一种保护措施：黑素体使得羽毛变硬，而羽毛的白色部分是没有色素体分布的。海岸岩石边缘会磨损海鸟羽毛边缘，如果海鸟羽毛边缘有色素体分布，这部分羽毛就会相对难以被磨损。

它们羽毛的主体颜色是白色，这有重要的保护意义，也就是伪装。白色可以让海鸟与海水反光融为一体。如果天空中有鹰等捕食者在搜寻海面上移动的猎物，它们是很难看到白色的鸟的。因此黑色的羽毛尖端是一种演化上的结果——太多黑色会很容易被鹰发现，但如果黑色的尖端太少，鸟类在狭窄空间飞行时又很容易磨损羽毛。

事实上，羽毛和毛发在本质上是透明的，但实际上看起来是白色的。这是因为毛发和羽毛是由角蛋白构成的，就像我们的指甲。指甲内

没有色素，因此皮肤的颜色可以通过透明的角蛋白显示出来，这在毛发和羽毛中也是一样的。对人类来说，随着个体变老，毛发中的色素会减少，因此毛发会先变灰色，然后变白甚至变透明。

当然，近鸟龙是恐龙而不是海鸟，白色的伪装并没有太大必要。但显然，带有黑色尖端的白色廓羽，可以追溯到非常久远的鸟类祖先，这可能也是鸟类是从恐龙演化过来的重要证据。

动物，尤其是鸟类和昆虫，大都有令人眼花缭乱的图案，虽然鸟类不可能有所有斑点或者条带组合模式。动物的颜色主要局限于黑色、灰色、棕色和姜黄色，尤其是在鸟类当中，因为鸟类中主要的色素是黑素体。图案的模式也是有一定限制的。羽毛的图案大部分是很常规的，以近鸟龙为例，看起来很精致的结构，实际上是很简单的图案的叠加——黑色的条纹是由羽毛常规的叠覆结构形成的，这个叠覆结构对翅膀的力学功能是至关重要的，也可能是因为羽毛的发育过程是由简单的基因调控的，调控的内容仅仅是“把黑色素送到羽毛尖端那儿”。基因学家们已经发现，一些特殊的调控发育过程的基因已经预先确定了动物可能的颜色组合。

海鸥的羽毛主要是白色的，对于它的猎物比如鱼来说，正对太阳向上看的时候，会很难发现海鸥。但是海鸥的翼尖是黑色的，是因为羽毛尖端分布着很多真黑素体（见本书 P54），主要是为了减少羽毛的磨损。

揭示化石羽毛的颜色

古生物学家们如何保证复原的颜色和图案是正确的呢？复原的方法是由雅各布·温瑟尔开发出来的，他当时还是耶鲁大学的博士生，现在已经是布里斯托大学的教师了。他对特异埋藏现象特别感兴趣，研究过一些鱿鱼化石和上面的眼斑。鱿鱼的墨水和眼斑都是黑色的，因此他想知道这些化石有没有保存一些原始色素的痕迹。

在扫描电子显微镜下仔细观察的时候，他发现了大量的香肠状结构。之前的论文把这些结构鉴定为细菌；实际上，一些球状细菌确实也长这个样子，在一些化石软组织特异埋藏的情况下，这些细菌快速繁殖形成了一层菌膜，从而形成了局部的无氧环境，这种环境也使得内脏和肌肉不会快速腐烂。

在此之后，他又详细地观察了早白垩世巴西克拉托组内特异埋藏保存的羽毛化石。这些化石标本清楚地展现了黑色和白色的条纹，这些条纹是V形的、有规律的。如果是后期保存过程损坏形成的，这些条纹应该是不规律的，也可能会穿过羽枝。他取了一点小的表面样品，在扫描电子显微镜下发现，深色的区域充满了香肠状的“细菌”，而白色的区域没有任何结构可见——就是岩石本身。他观察了更多的标本，发现这些深色区域总是伴随着“细菌”，而白色区域没有。

他猜测这些“细菌”可能是黑素体。他与他的导师，特异埋藏领域的顶尖专家德雷克·布尔吉斯讨论了他的观点。一开始，布尔吉斯不是很认同他的说法，但是巴西的羽毛化石又恰恰是坚实的证据。2008 年他们发表这些结果的时候说：“没有什么理由认为细菌会在羽毛特定的部分进行繁殖。”这是个启示性的发现，很多研究员重新检视他们的化石标本，都发现了“腐烂形成的细菌”实际上是黑素体。

导致这一发现的羽毛化石。一件产自早白垩世巴西克拉托组内特异埋藏保存的羽毛化石（现存于英国莱斯特大学地质系，标本号是 LEIUG 115562），它展现了清楚的颜色条带。有色条带的边缘非常类似现生鸟类羽毛上的样子，不是磨损导致的结果。仔细观察就会发现，深色条带上充满了细长的“细菌”，后来这些“细菌”被证明是黑素体。

黑色素和黑素体

黑色素是一种生物高分子化合物，常见于脊椎动物的皮肤、头发和羽毛当中，也存在于眼球的后部、大脑和某些腺体的一些区域。黑色素在昆虫的角质层、眼睛及大部分动物的眼斑上也都存在。黑色素可以把物体染黑，因此它也是头足类动物墨汁的主要染色成分，同时它也在一些微体生物当中充当保护剂。在人类当中，黑色素最常见的功效是形成了黑色、棕色、红色或者黄色的皮肤。

黑色素有几种不同的形式，它们的化学分子式都不太相同，可以产生几种不同的颜色。大部分人理解的黑色素指的是真黑色素。这种色素在人类和其他哺乳动物的毛发和皮肤颜色当中，主要形成了黑色，但也会形成棕色、灰色和黄色。当这些色素比较少时，就会形成金色和灰色。另一种常见的色素是褐黑色素，主要在皮肤和毛发中形成红色部分。姜黄色头发上就有这种独特的色素，这也是为什么这类人的皮肤相对其他人要更红一些。褐黑色素也是红松鼠、狐狸和其他红色动物呈现出红色的主要原因。

现代的鸟类当然也会有其他的颜色，比如绿色和紫色，这些颜色来自其他的色素，比如胡萝卜素（形成红色和粉色）、卟啉（形成绿色和紫色）。许多人在动物园里见过那些好像“掉了色”的火烈鸟：这不是说这些火烈鸟不健康，而是因为它们没有从食物当中摄入充足的胡萝卜素，在野外它们主要通过摄入红色的虾来获取胡萝卜素。

在皮肤里面，黑色素主要分布在层与层之间，当它们的量增多或者减少时，皮肤的颜色就会改变，最好的例子就是白色皮肤的人被太阳晒黑。但在毛发和羽毛当中，黑色素不是简单地存在于这些结构当中。毛发和羽毛由角蛋白构成，角蛋白很有弹性，质地有点像塑料，黑色素需要在毛发和羽毛从毛囊萌发之前插入这些结构当中。

在羽毛和毛发中，这两种黑色素是由皮肤中的特殊细胞合成的，这些细胞会迁移到发育中的毛发或者羽毛的毛囊基部。在这些地方，黑色素被装配成黑素体，然后这些黑素体再被运输到毛发和羽毛当中。随着毛发和羽毛的生长，这些黑素体会布满整个结构，或者部分区域。

有时候，一根羽毛，比如一根斑马雀的羽毛有多个不同的颜色色块，可能羽毛顶部是姜黄色的，下面一点是黑色或者灰色的，基部是白色的。这种精美的颜色分布是由内含黑色素和褐黑色素的黑素体的存在与否形成的。基因已经直接决定了这些羽毛的颜色和分布，当这些羽毛按照正确的位置和顺序生长时，斑马雀的脸颊上就会有非常对称的姜黄色斑点，身上会有清晰分明的黑、灰和白色色块，侧翼会有棕色和白色的条纹区域和黑白交替分布的尾部羽毛。就像近鸟龙一样，这些有交替颜色的尾巴也是由带有黑色尖端的白色羽毛构成的。

近鸟龙在梳理它的羽毛。这是一种非常类似鸟类的行为，实际上这种行为在鸟类身上出现之前，在它们的兽脚类恐龙祖先身上就已经出现了。如果有羽毛，就一定要梳理它们，否则在林间穿梭的时候，羽毛之间会互相纠缠、变脏。一些哺乳动物也会出于类似的原因去舔舐它们的皮毛，当然也不是全部（狗就不会）。羽毛是需要经常维护的，但毛发不需要，因为羽毛是呈束状的，上面的羽枝和羽小枝很容易相互脱离，所以需要重新整理。

黑素体的形状和颜色

黑色素与颜色的对应关系，以及包含真黑色素和褐黑色素的黑素体的不同形状，为我们提供了探寻化石羽毛颜色的关键线索。最重要的第一步就是雅各布・温瑟尔发现黑素体可以保存在化石当中。而且这个发现说明化石中的黑素体非常常见——绝大多数化石羽毛当中都有黑素体。

这反而以奇怪的方式引起了一些人的怀疑，他们认为“这也太简单了，这一定是细菌”，然而事实就是如此。后面许多研究证明，雅各布・温瑟尔在 2008 年的发现是正确的：这些小“细菌”深深地嵌入羽毛的角蛋白当中（而不是存在于表面），它们仅在深色羽毛部分存在，而浅色羽毛部分不存在，这也是一个强有力证据。

真黑素体是香肠状的，而褐黑素体是球形的。在千百万年之后，它们可能会缩小一点，但仍旧保持着形状。对近鸟龙身上的图案的复原就是基于对它们羽毛颜色的详细研究，这些黑素体的密度和形状直接揭示了羽毛的颜色。问题得到了验证！

近鸟龙的斑点状翼尖可以一定程度上形成视觉错觉，这种图案是飞羽和廓羽的黑色末梢通过一定规则排列形成的。就个体发育中的成色过程而言，黑色的翼尖一般被解释为是由羽毛的某种类型的斑点规则排列形成的。这种成色模式需要斑点规则排布，恐龙应该会用这种鲜明的图案来吸引配偶，现代的鸟类也是如此。

这是雅各布·温瑟尔在2008年发表的论文中的经典照片。他研究了克拉托组羽毛上的当时被认为是“细菌”的结构，这是一种很小的香肠状结构，每个长约1μm，也就是0.001mm。

在羽毛的黑色条带上①，这些微米级的细长结构大小均等，几乎平行排列，其形状和排列方式可以证明它们是细菌或者黑素体。

在白色的条带上②，温瑟尔没有找到这些细长结构的痕迹，只有岩石成分。这让温瑟尔更加坚信了这些结构绝对是黑素体。

而在下一条黑色条带上③，这些黑素体又变得很多了，并与另一个条带上的一样，也是平行排列。如果这些结构是细菌，那么它们应该遍布羽毛的所有地方，并且在羽毛的不同颜色的地方，成分没有多大差别。因此，他证明了黑素体可以大量地保持在化石羽毛当中。

①

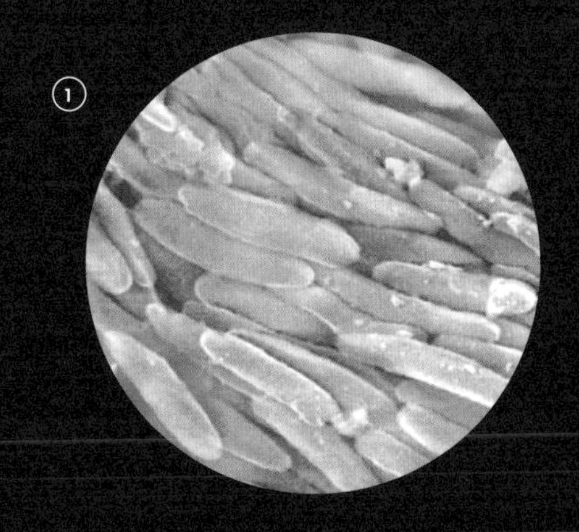

②

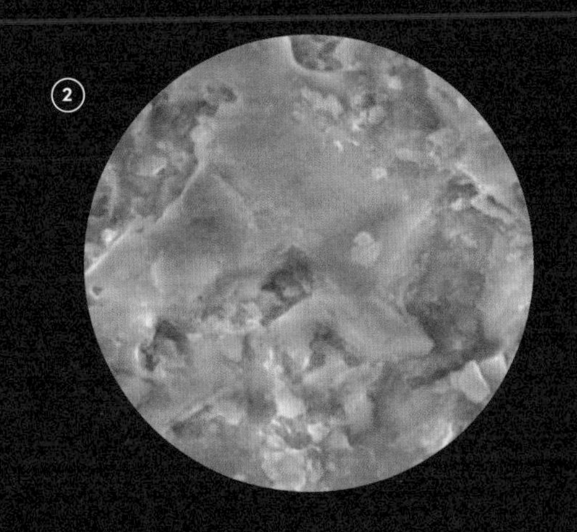

③

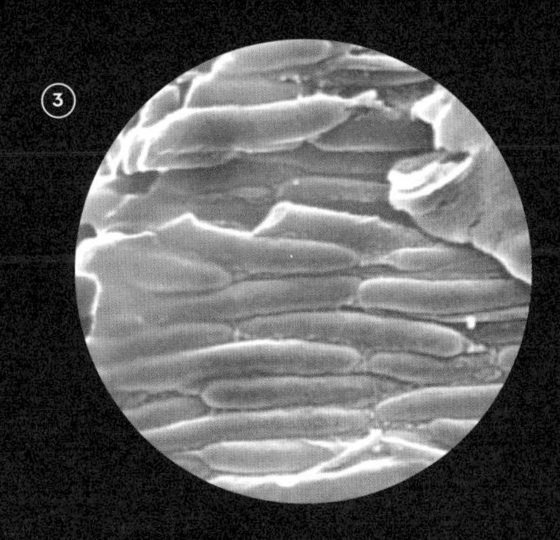

尾羽龙

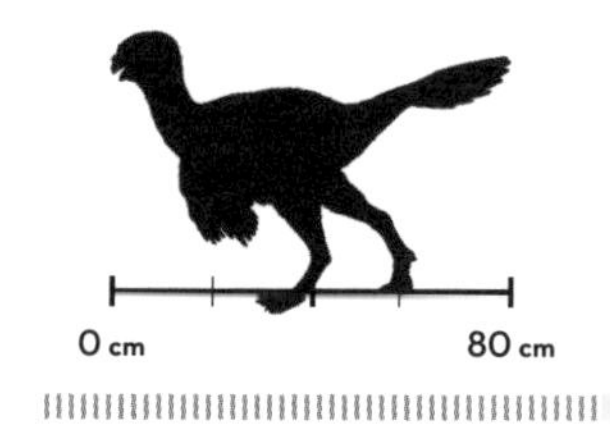

早白垩世 距今1.3亿—1.2亿年前

130—120

闪闪发光

这是一种看起来最不寻常的恐龙，看上去有点像松鸡或者深色的公鸡……但是它的翅膀很短。它就是尾羽龙，一种瘦弱而笨拙的小恐龙，大约和中华龙鸟生活在同一时期。尾羽龙的腿很长，脸部小且凹陷，它有着簇状的翅膀和尾巴，长得有点滑稽。

它的长腿下半部分覆盖着较短的白色羽毛，而有力的大腿上覆盖着较长的绒状羽毛。身体的其他部分，如躯干和头部长着短而柔软的羽毛，但比较显眼的是扇状羽毛装饰在它笨拙的翅膀和尾巴上面。实际上，它的翅膀上的羽毛的分布远没有近鸟龙那样广泛（见本书P44~P87），这些羽毛仅生长在手部第二指上，并没有长到前肢上面。这是初级的廓羽（见本书P46）。尾部羽毛的分布范围也有限——仅限于骨质尾部上面，并对称排列，形成了心形的尾巴。

看，这里有一只雄性尾羽龙在向雌性求偶。右边的雄性低下了头，展开了它短粗的翅膀；当它把翅膀伸展开，并收拢到身体侧面时，可以看到它的尾巴上有白色图案闪过。它翘起自己的尾巴，使劲地上下扇动。尾巴上褐色和白色的条纹让这个展示行为令人印象更深刻，它举起尾部的扇状羽毛的时候，快速地抖动羽毛，羽毛快速震颤，给人一种快速运动的错觉，同时它还发出尖锐而连续的声音。这些模糊成光影的羽毛非常迷人，但是这只雌性尾羽龙似乎见得多了，发出吱吱的声音来表示自己的不满。

当尾羽龙张开嘴的时候，我们可以看到它的喙部几乎没有牙齿，仅在前面有几颗小牙齿。中华龙鸟和近鸟龙有很多细小的、尖锐的牙齿，因为它们以昆虫、蜥蜴或者其他小动物为食。而这两只尾羽龙没有在进食，我们很难判断它们以什么为食。

偷蛋的贼，果真如此吗？

尾羽龙属于窃蛋龙类恐龙。这类奇特的恐龙主要生活在白垩纪，分布在现在的亚洲和北美地区。所有的窃蛋龙都有粗大的吻部和喙，有尾羽龙这样的小牙齿，或者没有牙齿。实际上，尾羽龙是最小的一种窃蛋龙类，其体形和一只火鸡差不多，但它们的近亲——生活在蒙古的巨盗龙身长可达 8m，体重超过 1t。它们奇怪的头骨和下颌似乎提供了一些研究它们食性的线索，也是后续一系列争论的根源。

窃蛋龙类恐龙中最早被命名的，也是给整个类群带来这个名字的，就是窃蛋龙（*Oviraptor*）。罗伊·查普曼·安德鲁斯于 1923 年在蒙古国的一次野外考察中发现了完整的窃蛋龙骨架。这次由美国自然历史博物馆赞助的野外考察可以说是收获颇丰。安德鲁斯颇具宣传天赋，当他启程前往戈壁沙漠寻找人类起源的痕迹的时候，就向外界发表了照片，展示了团队由 12 辆汽车构成的庞大车队的英姿。

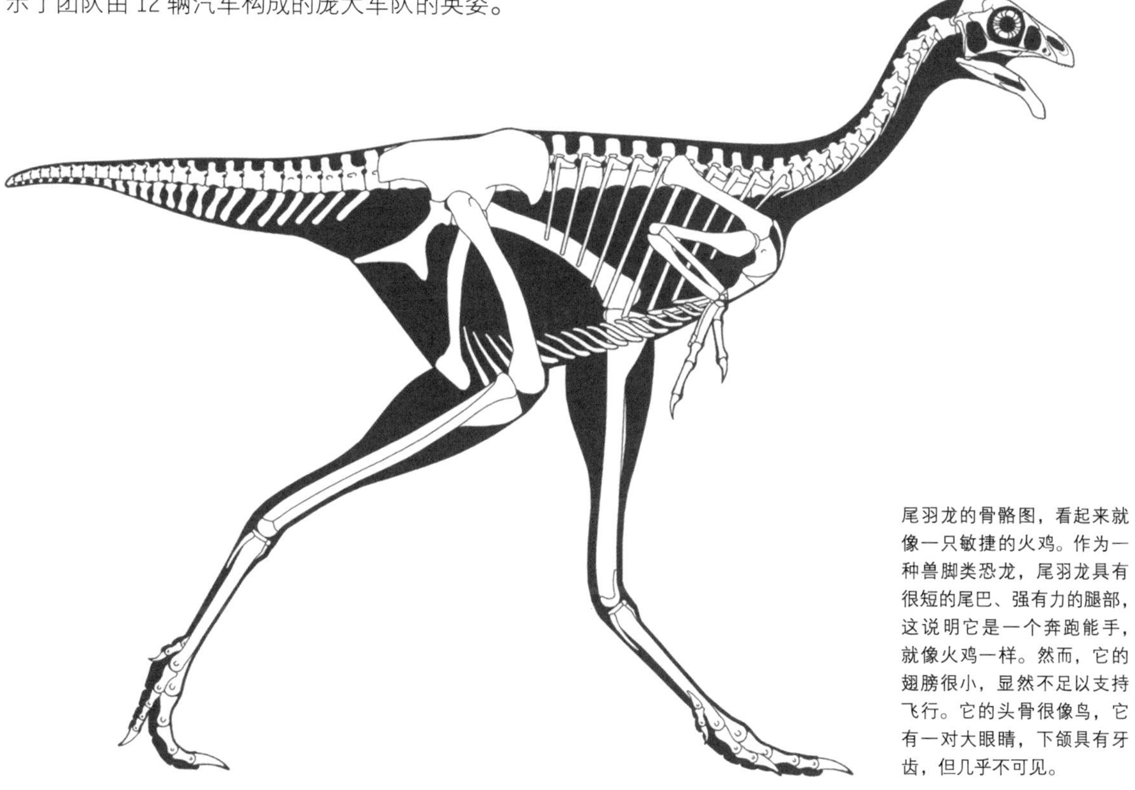

尾羽龙的骨骼图，看起来就像一只敏捷的火鸡。作为一种兽脚类恐龙，尾羽龙具有很短的尾巴、强有力的腿部，这说明它是一个奔跑能手，就像火鸡一样。然而，它的翅膀很小，显然不足以支持飞行。它的头骨很像鸟，它有一对大眼睛，下颌具有牙齿，但几乎不可见。

窃蛋龙化石是和另一类小型植食性恐龙——原角龙的化石一起被发现的，同时，人们也发现了很多恐龙蛋化石。它们分别是“猎人”和“猎物”吗？这个场景会不会是矮小的原角龙妈妈正在英勇地保卫巢穴，对抗着在四周骚扰它们的那些后腿修长、双目浑圆的窃蛋龙呢？

在纽约自然历史博物馆的首次展览中，窃蛋龙就吸引了很多人的目光。博物馆馆长亨利·费尔菲尔德·奥斯本显然也掌握了安德鲁斯的吸引媒体焦点的诀窍。看到这些化石，他立刻就想到了一个有意思的故事，他用恐龙骨骼重建了恐龙时代的生活场景，主要参考了艺术家查尔斯·奈特的一幅复原图。于是这样一幅戏剧性的生态画卷就在纽约市民面前展开了：一只温顺的、吃植物的原角龙的骨架站在它的巢穴旁边守卫着，巢穴内部有 20 个左右恐龙蛋，排成了整齐的一圈。窃蛋龙的骨架凶猛地站立在巢穴一边，爪子已经伸出来了，好像准备抢走一个蛋。实际上，窃蛋龙几乎是没有牙齿的，只有边缘尖锐的喙，不过这也更符合这个故事了：这种捕食者没有尖牙利齿，因此只能以恐龙蛋或者更小的猎物为食。

安德鲁斯在 1924 年把收集来的 24 箱骨骼化石交给了纽约自然历史博物馆，馆长奥斯本在当年年末就举办了此次展览，并在接下来的几个月匆忙完成了化石的科学描述工作。奥斯本把这种恐龙叫作窃蛋龙——偷蛋的贼。这是一个包括了主角和反派的故事，对公众有着巨大的吸引力，人们络绎不绝地来纽约自然历史博物馆观看这些奇妙的化石。

然而，这个故事并不是真的。20 世纪 90 年代，马克·诺瑞尔领导的研究小组发现这窝恐龙蛋实际上是窃蛋龙的。诺瑞尔和他的团队发现了一个类似的恐龙蛋窝，一圈蛋环形排列，而一只成年的窃蛋龙卧在上方。这只成年恐龙小心翼翼地调整着姿势，为了不压碎身下的蛋，它伸展自己蓬松的翅膀护住窝外侧的蛋。为了确定这个事实，诺瑞尔和他的团队对这些蛋进行了 CT 扫描，证明了里面的胚胎就是窃蛋龙。

一个经典的20世纪20年代的博物馆布展照片，展现了在蒙古国考察的发现：原角龙母亲在保护它的巢穴。

在蒙古国戈壁沙漠上发现的保存更为精美的化石蛋窝②，是更完整的、长形的蛋和一些碎片，证明了这窝蛋的母亲可以产15~20枚蛋，这些蛋排列成环形，尖的一头朝向环的中心，这可以减少蛋的翻滚。纽约自然历史博物馆的后续考察发现，这窝蛋不属于原角龙，而属于兽脚类恐龙窃蛋龙，但这类恐龙已经永远地带上了“偷蛋的贼”的称谓。

①

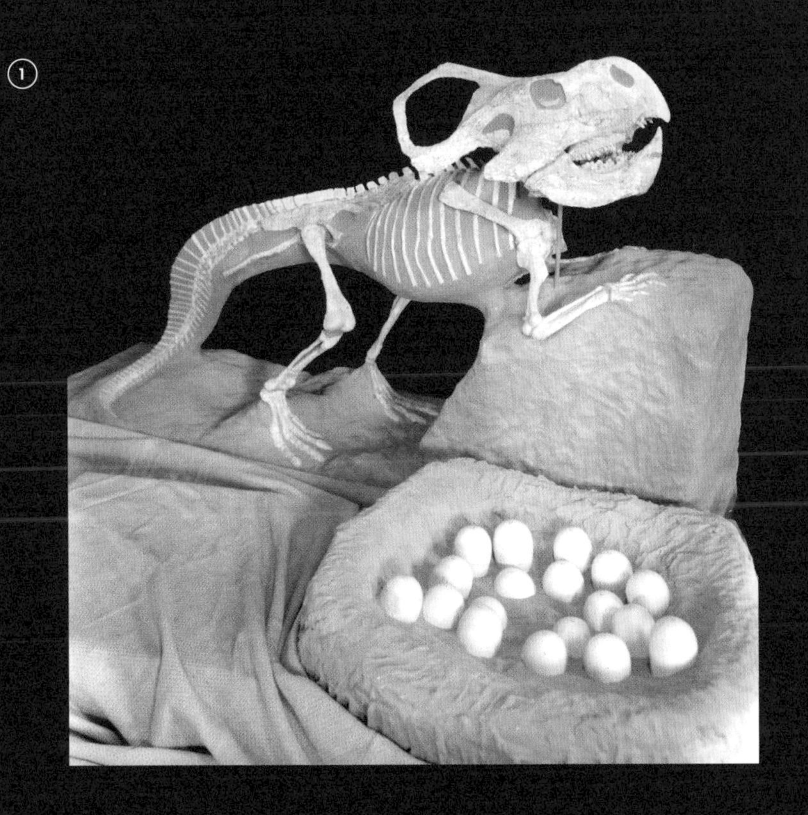

②

用来飞行或者拍打的翅膀

如果动物不会飞，为什么要长翅膀呢？说起翅膀，我们就会想到那些会上下扇动翅膀的动物，比如大部分鸟、蝙蝠和昆虫。但实际上，还有另外两种飞行方式，就是生物学家发现的滑翔和空降。滑翔型的动物或多或少可以水平飞行，两翼展开却不扇动，而空降型的动物主要从上向下坠落，用张开的两翼减缓下降的速度。在这两种情况下，动物们都不会扇动自己的翅膀，但需要翅膀来辅助它们的“飞行”。

这些动物包括一些可以滑翔的松鼠和蜥蜴，以及一些蛇和青蛙。它们通过胳膊、腿或者扩展肋骨的方式来创造它们自己的“翅膀”，而这些“翅膀”能够让它们从一棵树飞跃到另一棵树。即使有了“翅膀”，动物们也只能多飞跃出10%~20%的距离，但这可以让这些可以滑翔的青蛙或者蜥蜴从捕食者嘴中逃出生天。飞鱼有着加长的胸鳍，它们可以在水面上飞掠50余米，从而逃脱鲨鱼的捕猎。

一些人把这种滑翔行为称为飞行，可能听起来像是一种文字游戏，但对生物学家们来说，区分主动飞行动物和被动飞行动物来说是很有意义的。扑翼飞行是消耗很大能量的，到目前为止，人类的很多类似尝试看起来就很滑稽。尽管耗尽了几代人的聪明才智，人类也没有能够做出真正的扑翼飞机。所有人类设计的飞机和无人机都需要推进器或者发动机来提供动力，而机翼主要用来提供升力。

升力真的很关键。在航空学术语当中，升力是与重力作用相反的力。事实上，升力是让鸟类和飞机克服重力的关键。如果升力大于重力，物体就会上升。就像火箭，燃料的快速燃烧提供了远超重力的升力，从而推动火箭向上。向前运动也可以产生升力——想象一下一架飞机在跑道上滑跃起飞，或者鸟类在起飞之前的奔跑。飞机和鸟类的翅膀都有一个高而圆的前缘，向后变得尖细，形成一个薄的后缘。当飞机或者鸟类向前移动的时候，空气被翅膀划分为上下两部分，而在翅膀上面的空气的行程更远，运动速度更快，因此上方气压更小，气压的压强差会把飞机或者鸟类向上“吸”。这就是升力。

即便如此，尾羽龙也不能飞行，因为它的翅膀实在是太小了。实际上，它的小翅膀还不能支持它在两树之间滑翔。如果不能用来滑翔，那么它的翅膀和尾巴到底是干什么用的？

这是一种现生的滑翔蜥蜴，叫作飞蜥（*Draco*），它正在树枝之间滑翔。它的“翅膀”是由身体两侧生长的肋骨和上面的皮肤构成的，让它可以跃出更长的距离。但是由于这种翅膀是由肋骨构成的，这种蜥蜴很难被称为主动飞行者。

次页：
这是产自中国东北辽宁省的热河动物群的邹氏尾羽龙的原始标本，这件标本现藏于北京的中国地质博物馆。它的前肢上面有着羽毛印痕，保存着黑色的、富含碳质的印痕。在标本的胃部，可以看到大量的胃石，可能主要用来研磨高纤维的植物，这说明这些兽脚类恐龙可能以多种不同的肉类和植物为食。

用来展示的翅膀

尾羽龙的第一件标本现存于中国的国家地质博物馆。这件标本由季强、姬书安、菲利普·柯里和马克·诺瑞尔于 1998 年描述报道，当时这些科学家们已经研究报道了中华龙鸟的化石标本。他们第一次指出，尾羽龙的廓羽是对称的，根据现生的鸟类羽毛来看，这是一种不适合飞行的羽毛：鸽子翅膀上的羽毛是不对称的，羽轴两侧的部分是不一样大的，而一些不会飞的鸟类，比如鸵鸟和鸸鹋，它们翅膀上的羽毛都是对称的。

他们在论文中详细描述了尾羽龙的骨架，聚焦于支持尾羽龙是一类窃蛋龙的证据，这意味着羽毛的演化历程早在恐龙演化成鸟类之前就开始了。它们化石的前肢上有 14 根廓羽，尾巴上有 22 根廓羽，也就是尾巴两侧都各有 11 根对称状的羽毛。当时的研究人员还不能研究羽毛的颜色——在尾羽龙化石被发现的 12 年之后，研究恐龙颜色的方法才被开发出来，在中华龙鸟化石和近鸟龙化石上应用。但他们确实在论文中放了彩色照片，上面显示了 5 根在一起的尾羽，并将其标注为“显示了不同色彩的条带”。对于恐龙羽毛图案的首次报道来说，这是相当低调的，但考虑到 1998 年前后关于这些痕迹是不是真的羽毛的激烈争论，论文写作者们的谨慎态度也是可以理解的。

幸运的是，研究工作传承了下来。菲安·史密斯威克在他的博士论文中详细地描述了尾羽龙羽毛的颜色，现在已经发表了。两件化石标本都展现了完整的尾部羽扇，由大约 20 根羽毛构成，也就是一侧 10 根左右。每根羽毛上都有大约 15 个彩色条带，这些条带越靠近末梢就越窄。一些具有更长尾部的标本有更清楚的条带，说明这可能是件雄性标本。相对于体表灰暗一些的雌性来说，雄性的翅膀的外表看起来会更白。

对页：
尾羽龙翅膀上的羽毛，展现了这些原始羽毛上清晰的彩色条带。注意它们的爪子，其中一只保存了一个翻转脱离的角质鞘，说明它的爪子要比保存下来的骨质部分更加尖利。

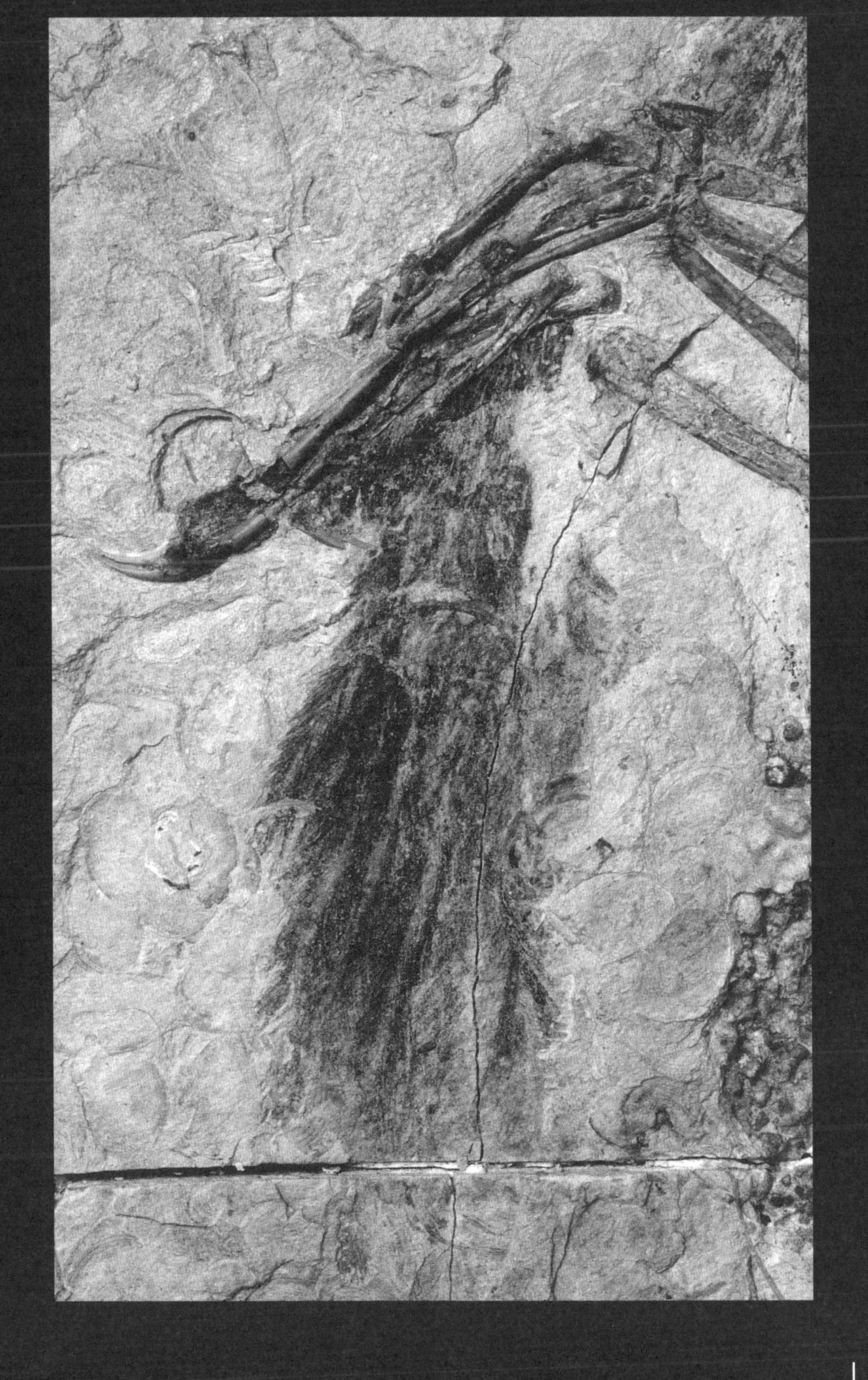

尾羽龙的尾羽上的彩色条带。在尾羽上，这些条带是横着分布的，这与前文提到的近鸟龙翅膀末端廓羽和飞羽上的羽毛图案不同。

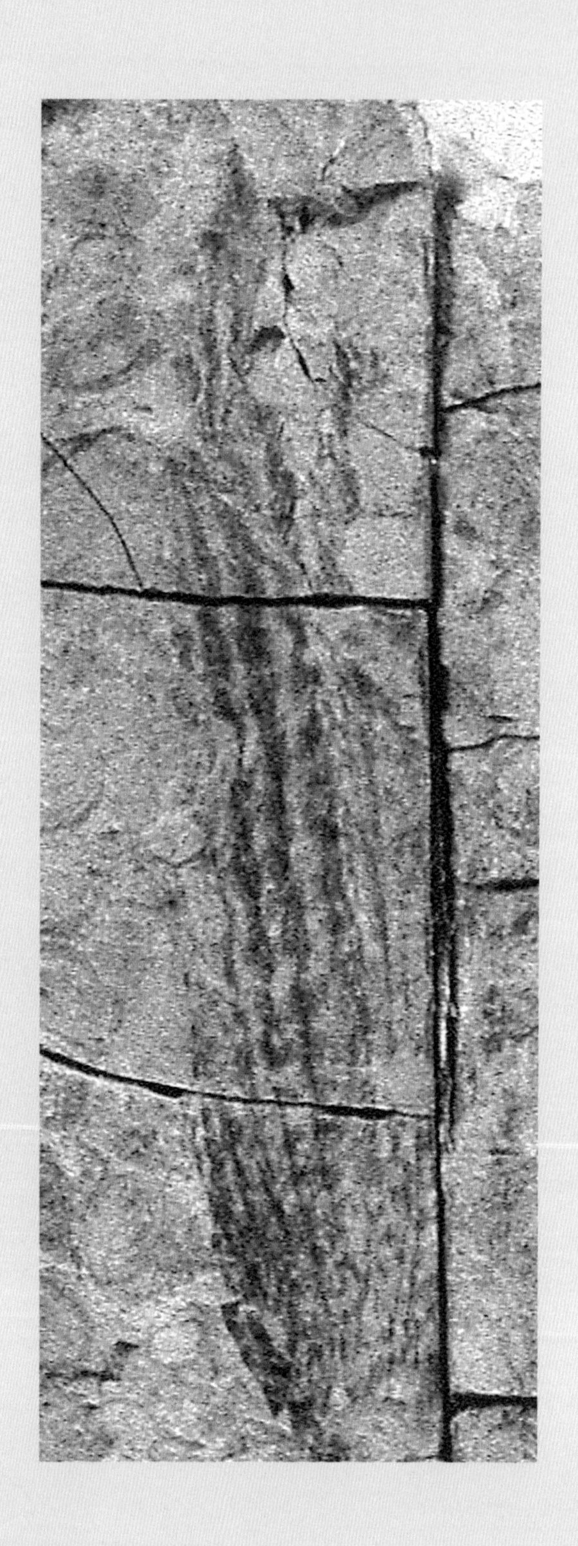

这就是尾羽龙的扇状尾部。尾羽龙不是一种可以飞行的恐龙，而是一种主要在地面奔跑的动物，因此我们认为这些引人注目的带有条纹的尾巴主要用来展示，一些现生鸟类也有类似的情况，比如鹅或者松鸡。 在求偶的时候，雄性会上下挥舞尾巴，不同雄性竞相展示这些条带给雌性看。这种仪式性的行为避免了肢体冲突带来的受伤风险，那些有最醒目羽毛的雄性，或者有令人炫目的尾部图案的雄性，才可能受到雌性的青睐。

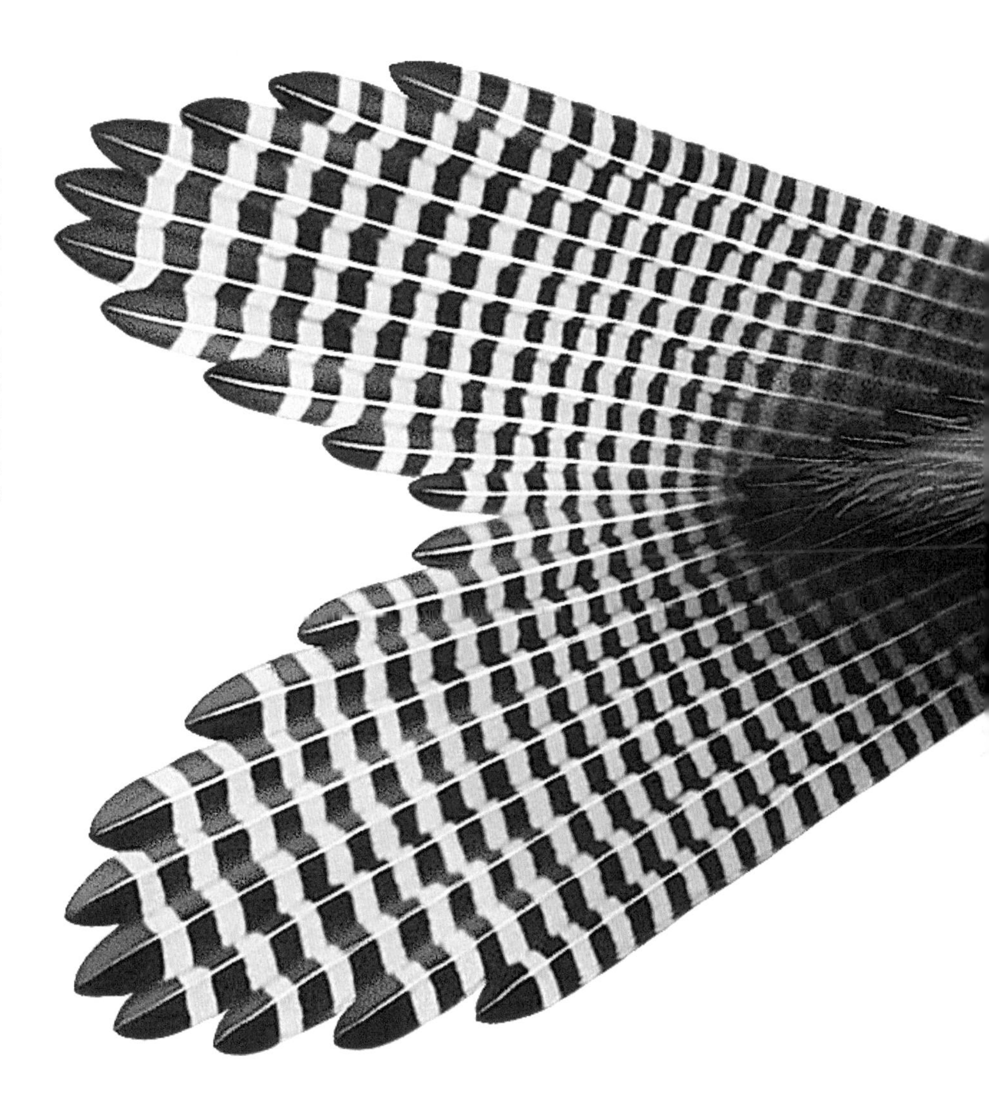

图案有些时候是用来伪装的，有些时候是用来展示的，如何平衡这两种功能呢？实际上，科学家对现生的地栖鸟类例如对雉的研究揭示了鸟类对两者的权衡。在大多数情况下，雌性和雄性都会保持尾部下垂、翅膀折叠的姿势，这样躯干上的颜色能让它们更好融入环境。这些鸟类体形都不大，而捕猎它们的猎手却很多。

然而，到了繁殖期，雄性会展示它们的翅膀，展现出一片引人注目的白色。它也会撅起自己的尾巴，摇晃尾巴上的羽毛，让它看起来更有“动感”。那么雄性的尾羽龙会不会也采用类似雄性琴鸟的方式，通过摇动让自身深色的羽毛闪烁迷人的色彩，从而产生动感和声音来吸引雌性呢？

4

小盗龙

早白垩世 距今1.3亿—1.2亿年前

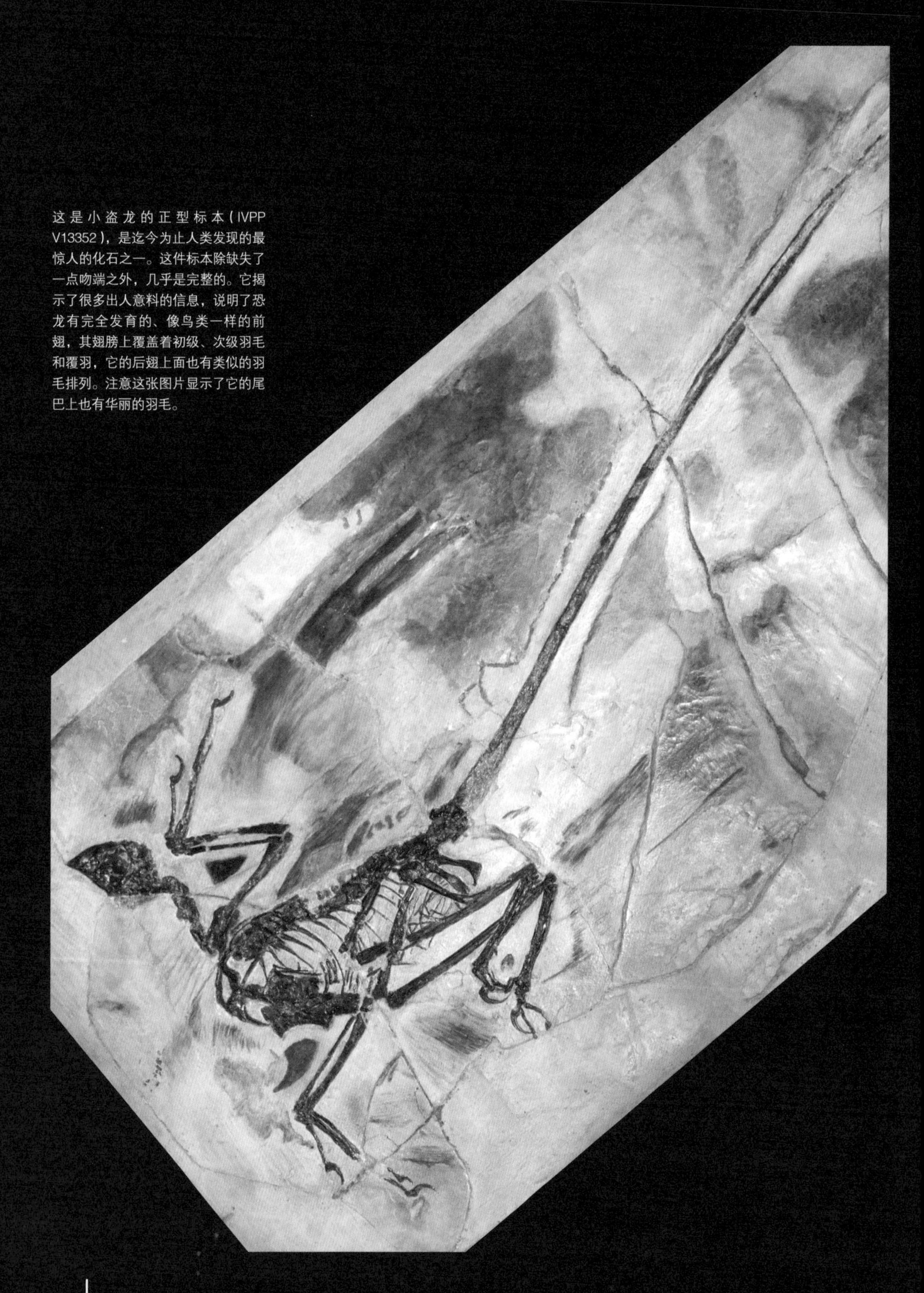

这是小盗龙的正型标本（IVPP V13352），是迄今为止人类发现的最惊人的化石之一。这件标本除缺失了一点吻端之外，几乎是完整的。它揭示了很多出人意料的信息，说明了恐龙有完全发育的、像鸟类一样的前翅，其翅膀上覆盖着初级、次级羽毛和覆羽，它的后翅上面也有类似的羽毛排列。注意这张图片显示了它的尾巴上也有华丽的羽毛。

暗黑猎手

中国辽宁省的热河生物群化石把我们一下子带回了大约距今 1.25 亿年的早白垩世。当时气候温暖但不炎热，一些针叶林矗立在高处。水中，一条鱼游过，打破了湖面的平静，一只巨大的蜻蜓掠过它的头顶，正在捕食小飞虫。此时，一只中华龙鸟从湖边路过，摇晃着姜黄色和白色相间的大尾巴，而在湖的另一边，一只小尾羽龙正在捕食地面上的昆虫。

忽然，伴随着一阵轻微的风声，一只泛着枪色的黑色类鸟动物一闪而过。它稳稳地落在 20m 开外的树干上，追逐着上面的一只蜥蜴。这是小盗龙，它不是鸟，而是一种恐龙。它飞快地爬树，日光照在它奇怪的、泛着七彩光芒的羽毛上，羽毛闪烁着钢青色、紫色、黑色和闪亮的白色，这种渐变色就像翠鸟身上的蓝色一样迷人。当翠鸟在河流上飞翔、捕猎的时候，阳光照在它身上，它的羽毛闪闪发亮，它身上的那种绚丽的蓝色，是任何绘画作品或者印刷物都无法展现的。

当小盗龙在空中掠过的时候，你能注意到它有 4 个翅膀——2 个在前肢，2 个在后肢。鸟类当中从未有过这种飞行动力结构，这完全是意料之外的发现。在小盗龙滑翔时，它的 4 个翅膀形成一个 X 形，它可以通过扇动翅膀来保持升力。当它降落时，小盗龙依旧保持着前肢上的翅膀完全展开的姿态，但会收起后肢上的翅膀，以此当作“空中刹车”。现代的鸟类也会这样做，不过是通过展开尾羽，并把尾羽向下倾斜。这就像飞机在下降时将机翼后面的襟翼推出来防止飞机在低速时失速。因此，小盗龙可以精准地降落到目标区域。

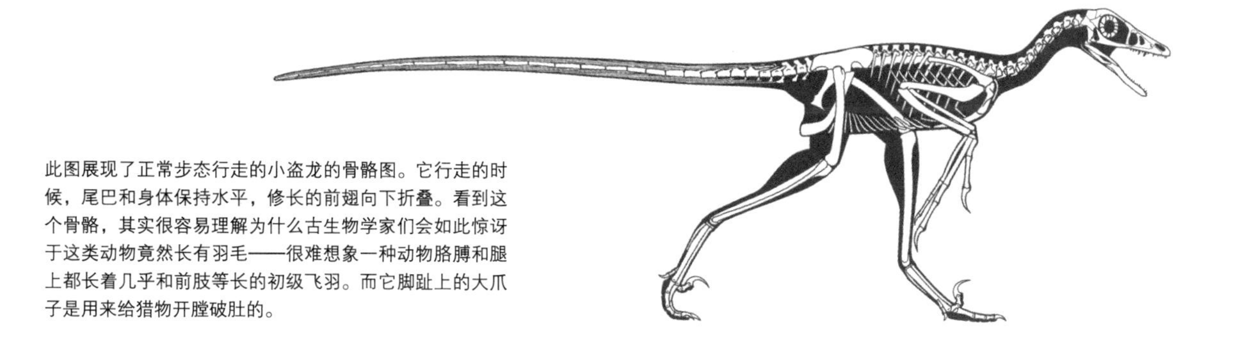

此图展现了正常步态行走的小盗龙的骨骼图。它行走的时候，尾巴和身体保持水平，修长的前翅向下折叠。看到这个骨骼，其实很容易理解为什么古生物学家们会如此惊讶于这类动物竟然长有羽毛——很难想象一种动物胳膊和腿上都长着几乎和前肢等长的初级飞羽。而它脚趾上的大爪子是用来给猎物开膛破肚的。

正在跳舞的恐龙

这件小盗龙标本没有保留多少羽毛，但是展现了骨骼上非常多的细节。它肋骨内部的骨骼化石属于一种叫作因陀罗蜥（*Indrasaurus*）的蜥蜴。实际上，这件保存在胃里的标本是王氏因陀罗蜥的正型标本。所以，虽然这只小蜥蜴在活着的时候被小盗龙一口气吞了进去，但是它在1.25亿年后成为丰富生物多样性的重要标本。

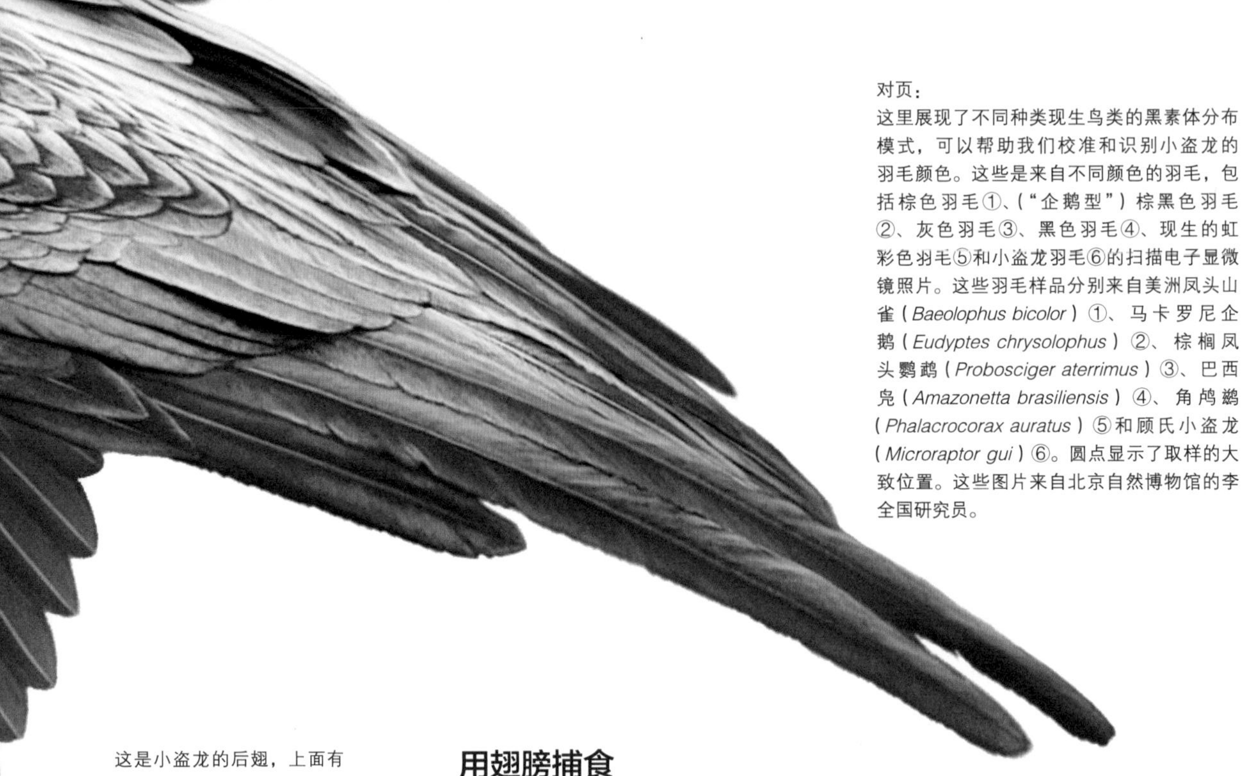

对页：
这里展现了不同种类现生鸟类的黑素体分布模式，可以帮助我们校准和识别小盗龙的羽毛颜色。这些是来自不同颜色的羽毛，包括棕色羽毛①、（“企鹅型”）棕黑色羽毛②、灰色羽毛③、黑色羽毛④、现生的虹彩色羽毛⑤和小盗龙羽毛⑥的扫描电子显微镜照片。这些羽毛样品分别来自美洲凤头山雀（*Baeolophus bicolor*）①、马卡罗尼企鹅（*Eudyptes chrysolophus*）②、棕榈凤头鹦鹉（*Probosciger aterrimus*）③、巴西凫（*Amazonetta brasiliensis*）④、角鸬鹚（*Phalacrocorax auratus*）⑤和顾氏小盗龙（*Microraptor gui*）⑥。圆点显示了取样的大致位置。这些图片来自北京自然博物馆的李全国研究员。

这是小盗龙的后翅，上面有初级、次级飞羽和覆羽，就像现在鸟类的前翅一样。化石证据显示整个翅膀是蓝黑色的（见本书 P74），羽毛全部是深色的，没有浅色的条带，但重要的是，在羽毛中见到了密集排列的黑素体（见本书 P56~P57），说明它的羽毛在生前不仅是深色的，还是虹彩色的，可以在移动的时候反射出各种不同的光彩。

用翅膀捕食

小盗龙属最早由徐星在 2000 年前后命名，自此之后，属内报道了 3 种 10 余件标本。它们都是一些小体形的动物，体长为 50cm~1m，这还包括了它们长而纤细的尾巴，实际上它们体重可能只有 1kg 左右——也就是一只鸡的大小。它们的头骨很短，但不是典型的鸟类类型的头骨，它们的上下颌上长满了小却锋利的牙齿。

2010 年，科学家们报道了一件小盗龙标本腹中有始祖兽的骨骸（见本书 P130~P142）。一年之后，科学家们在一件小盗龙标本的腹中发现了鸟类的骨骼，2013 年在一件小盗龙标本腹中发现了鱼鳞，2019 年在一件标本的胃部发现了一只几乎完整的蜥蜴。很快，科学家们发现这只倒霉的蜥蜴实际上是一种从未被发现的蜥蜴物种，因此它被命名为因陀罗蜥。这只小盗龙一口气把这只蜥蜴吞了进去，蜥蜴快速被吞到了胃里面，但没有被咀嚼，这只蜥蜴相对小盗龙来说又太大了，很可能小盗龙被它噎死了。小盗龙吞下了一个对它来说过大的猎物，而它又缺少可以把猎物撕碎的、足够强大的牙齿和肌肉。

小盗龙是如何捕猎的呢？它们可能会从树上快速滑跃而下，从天而降地袭击那些灵活的猎物，比如小型哺乳动物、鸟或者蜥蜴。它甚至可以在湖面滑翔的时候，捕猎水面的鱼。这种从树上发动的捕猎行为非常重要，也为我们了解中国早白垩世带羽毛的恐龙崛起的原因提供了重要线索。随着它们地栖的远亲变得越来越大，它们可以捕猎地栖的、体形

①

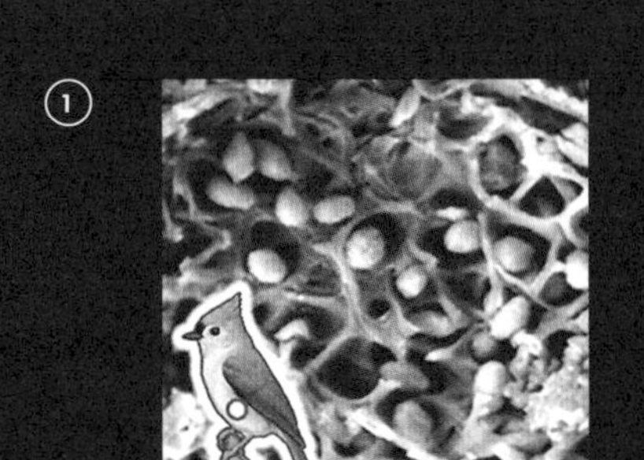

②

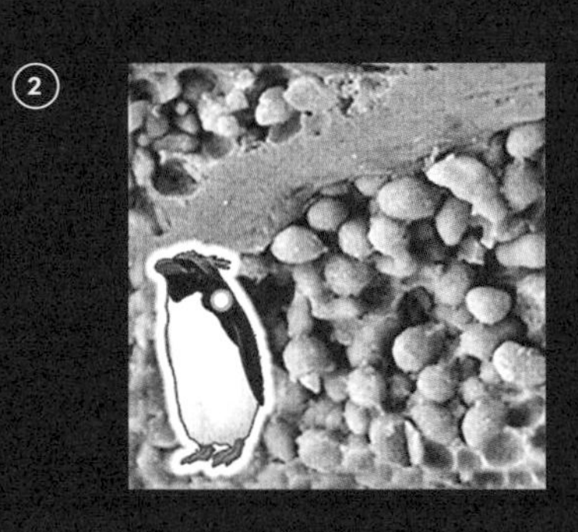

③

④

⑤

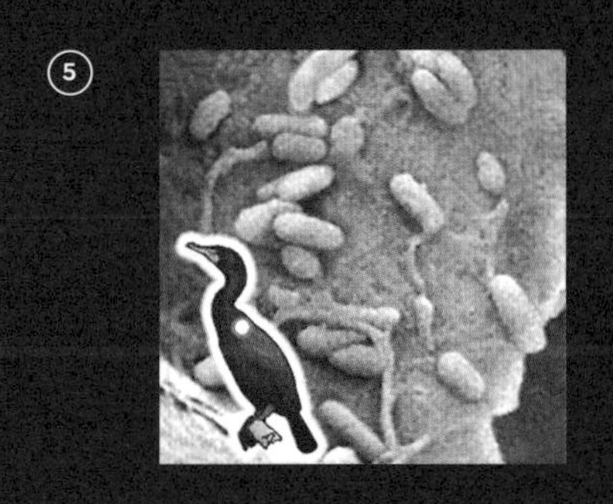

⑥

也在变大的植食性恐龙，而一支肉食性恐龙的进化分支反而越变越小，又身披羽毛，所以它们可以以完全不同的食物为食。

中国的侏罗系和白垩系产出了多样性极高的昆虫、蜥蜴、鸟类和哺乳动物，它们都生活在森林当中。这些动物提供了充足的食物来源，而带羽毛的恐龙位于食物链的较高位置。它们跳跃和滑翔的能力使得它们可以躲避更大捕食者的追捕，同时可以快速地俯冲、捕食植食性动物。

带有消化道内容物的小盗龙化石的发现，为解决一个长久争论的问题——也就是鸟类的飞行是从树上开始，还是从地上开始的，提供了清晰的证据。这场争论实际上从 1860 年就开始了——也就是从人们发现始祖鸟开始，就有了关于这个问题的争论，而小盗龙化石的发现也许可以解开这个谜团。它肚子里的蜥蜴似乎是生活在树上的，所以飞行行为可能是从树上开始的。

纳米级结构色

李全国、雅各布·温瑟尔和他们的合作者，在 2012 年揭开了小盗龙羽毛颜色的谜团，令人惊讶的是，它的羽毛是带有虹彩的黑色。他们本希望可以在小盗龙的羽毛上找到类似近鸟龙羽毛上的那种条带和斑点，但实际上发现它的羽毛是纯黑色的——所有羽毛都只分布着香肠状的真黑素体。羽毛上没有任何褐黑素体来产生姜黄色的色彩，也没有白色的缺少颜色的区域或者条带。同时，研究人员还发现了另一种意料之外的情况。小盗龙羽毛上的黑素体之间平行排列，就像在羽毛表面整齐堆叠的床单。通过与现生鸟类的羽毛对比，包括与企鹅的羽毛对比，研究人员发现这种排列方式与带有虹彩区域的羽毛上的黑素体的排列方式是很类似的。这种由黑素体层层排列形成的结构被称作纳米结构，因为它们真的非常的小，尺度为纳米量级。

在现代生物中，纳米结构主要存在于昆虫和鸟类中。比如甲虫，它们的甲壳是由多个薄层组成的，这些薄层部分透明，部分不透明。甲壳上可能有 10 多层薄层，每层薄层之间有一些距离，所以当光线照射到甲壳上时，一些区域是反光的，一些区域是吸收光的，就像羽毛上的纳米结构层一样。这种结构使得甲虫体表呈现暗绿色或者暗黄色，就像珠

翠鸟冲向水面
它背后蓝色的亮光是它虹彩色羽毛反射的天空的颜色。理论上说，翠鸟的羽毛不是真的虹彩色，这些反光不是从层状的纳米结构中反射形成的，它的羽毛是半虹彩色的，它的羽毛上有一种海绵状蛋白结构用来反射光线。当翠鸟冲向水面的时候，这种颜色会迷惑它的猎物，让它们不知道威胁从何而来，从而放松警惕。

宝一样璀璨：因为光多重反射，这些颜色变得更亮了，呈现出来的效果远超化学色素形成的颜色。这种现象一般被称为虹彩色，会发出一种类似玻璃或者金属的光泽，可以作为一种警示信号或者用来迷惑捕猎者。

在鸟类当中，虹彩色有时候可以起到伪装的效果。比如说，当翠鸟在开阔的溪流上面飞过的时候，这种颜色会使得它们不容易被头顶的鹰发现。它半虹彩的闪烁着蓝色亮光的羽毛颜色和身下反射着阳光的水流颜色很接近，但翠鸟身上的蓝色是反射蓝色天空的颜色。相对而言减少了来自头顶的威胁，这样翠鸟可以专注于往返捕鱼。

在对于小盗龙的研究中，研究者们认为就像现在的鸟类一样，虹彩色是“晶体或者层状结构对光线进行散射导致的——就像折射率不同的多层材料会折射产生虹彩一样——蛋白、色素甚至有时候羽小枝之间的空气也可以产生类似的效应”。当然羽毛的颜色是黑色的，我们可以从羽毛当中大量的香肠状真黑素体来确定这一点。这些黑素体平行排列，形成了多层状结构，就形成类似甲虫背部角质层一样的质地。每一层都会通过一部分光，也会反射一部分光，在小盗龙滑翔的时候，其背部就会泛着像珠宝一样的光泽。这些结构也沿着它的脸部分布，就像鸽子一

次页：
虹彩色的甲虫，展现了彩虹般的多种颜色。甲虫的甲壳是由两个鞘翅组成的，它们很坚硬，可以保护下面的翅膀，这些甲壳是由 10 多层甲壳素构成的。在甲虫当中，基本颜色是由鞘翅中包含的色素决定的，是黑的，但阳光照射到多层结构之上，会有部分阳光被反射，部分阳光穿透到下一层。因此，我们可以看到复杂的、渐变的反射光，形成了一种类似珠宝的彩色，就像图里面这种彩虹一样的效果。

样，当它转头的时候，脸部的羽毛也会闪烁出颜色。

鸽子在到处走来走去地寻找食物时，你可以仔细观察一下它们，会发现其脸部和胸部分布着漂亮的虹彩绿色和虹彩紫色。这种街头常见的动物实际上是鸟类羽毛颜色演化的顶峰之一。

双翼飞行王牌

双翼机有两对几乎一样的机翼，一对在另一对上方，下方的一对机翼在靠后一点的位置。有两对机翼意味着每一对机翼都可以有稍小的尺寸，因为机翼的面积和有效载荷是成正比的。小飞机的机翼面积小，大飞机的机翼面积相对大，飞机的重量以立方增长，翼展面积以平方扩大。如果飞机的长度增加一倍，飞机的重量会增加 4~8 倍，机翼的长度也要相应地增加 4~8 倍。但如果使用两对机翼组合，让一对机翼位于另一对之上，就大概可以达到机翼宽度的要求了。

但是气流穿过双翼机的两对机翼时会产生涡流，这会让飞行的效率变低，而上下机翼之间也需要用坚固的支柱将其固定在一起减少摇晃，但这又进一步增加了阻力。最后，双翼机在飞机设计中被逐步淘汰了，因为更快的飞行速度让单翼机更占优势。

在自然界中，一般的飞行动物只有一对翅膀，也就是身体一侧只有一片翅膀。至于蜻蜓，虽然它们有两对翅膀，但也不是上下排列，而是前后排列。然而，如果翅膀是由手臂和腿分别构成的，就可以排列成另一种模式。

这两对翅膀在结构和大小上非常相似，虽然前肢翅膀有更大的翼展。现在已经有一些对小盗龙飞行能力的研究，研究者用纸板、铁丝甚至口香糖来制作模型，再在上面粘上鸡或者鸽子的羽毛。这种制作模型的方法在古生物学中由来已久，可惜的是，很多模型没有保存下来。

加雷斯·戴克、科林·帕尔默和他们的南安普顿大学的同事所做的模拟研究更加精巧、复杂。他们构建的模型可以改变翅膀羽毛展开的模式，可以回缩或者伸展腿部，可以改变尾部羽毛的位置和形状。他们把这个模型放到了一个风洞里面——这一般是用来设计无人机的——并在不同姿势、不同风速下对模型进行测试。用风洞测试飞行器的时候，飞行器是固定的，然后用不同的风速来模拟飞行器可能的飞行速度。

研究表明，小盗龙似乎可以凭借它的翅膀，用各种姿势滑翔，在前翅和后翅水平伸展时候，飞行表现最好。在实验中，模型被设计成从高处滑翔而下，模型在高升力和高阻力的情况下保持了很好的稳定性，在适中的 20~30m 的高度跳跃时效果最好，滑翔可长达 100m。如果小盗龙把后肢部分收到身体下面，则可以从 30m 高的位置滑翔 70m 左右，如果它的双腿垂直向下，它可以滑翔超过 100m。不过无法确定小盗龙滑翔时双腿到底是展平的还是下垂的。

2020 年，裴睿、麦克·彼德曼和同事们的研究发现小盗龙和近鸟龙可以进行动力飞行，但是程度不高。这个发现很惊人，因为这两种动物都是恐龙，不是典型意义的鸟，而之前的研究一般认为带羽毛的非鸟恐龙一般只能滑翔。所以说，小盗龙可能是一种非常重要的恐龙，有可能可以扑翼上升，它跃向空中的时候也可以滑翔，它的翅膀可以让它在狂风中仍然在天空中飞翔。这是一种令人惊叹的动物，也是进化的失败实验品，因为真正的鸟类是从始祖鸟家族中演化而来的。

5

始祖鸟

晚侏罗世 距今1.5亿—1.48亿年前

151—148

第一只鸟

这只始祖鸟喳喳地叫着，露出一嘴小牙齿。它的高度只有15cm，羽毛是白色、棕色和黑色的——黑色主要分布在翅膀尖端和尾巴的边缘，翅膀是黑色和棕色的，脖子和腹部是白色的。它脖子上的羽毛看起来很斑驳，这是因为它的白色羽毛末端是深色的，就像它的近亲近鸟龙一样。它扇动翅膀缓缓落地后，张开翅膀，以便更好地散热。它既可以生活在地面，也可以飞向天空。它和其他关系紧密的恐龙体形接近，比如小盗龙和近鸟龙，但它主要的翅膀在前肢上，后腿上也长着精致的羽毛，这些羽毛可能在飞行当中也有一些功能。始祖鸟可以爬树、追逐捕猎昆虫、在树枝间跳跃，就像小盗龙一样。始祖鸟还可以扇动它的翅膀，因此它的运动路径不一定是直接向下滑翔或降落，而是可以通过扇动几次翅膀向上飞行——这是那些非鸟类的恐龙做不到的。

始祖鸟与中华龙鸟、小盗龙和其他最近在中国发现的带羽毛恐龙生活在完全不同的时代。这些带羽毛的恐龙化石是在上古时代内陆湖泊的沉积物里面被发现的，而始祖鸟生活在晚侏罗世的环绕德国南部的温暖的浅海岛屿上。它的化石是在石灰岩当中被发现的，这些海相石灰岩也保存了海洋鱼类、蠕虫和海胆的化石，也有从陆地上被冲到或吹到海中的植物、昆虫、翼龙（会飞的爬行动物）和鸟类的化石。这些早期的飞行者可能在风暴中被吹离了航向，最后精疲力竭地沉入大海。

对页：
这是德国南部的一个索伦霍芬石灰岩矿床。这幅绘制于1889年的石版画正是绘制在石灰岩上。这些石灰岩被开采成石板，用锤子和凿子细分为约1cm或略厚的一层。这些石板是完全平坦的，非常适合用于印刷，画家用蜡笔在上面画出轮廓，涂上油墨后，油墨就会“粘在”蜡笔轮廓之间的石板上，而不会粘在蜡笔笔迹上，这样可以把非常复杂的图案转印到纸上。这幅图里面，艺术家用了不同的蜡质印记印制了多色图案。

最有名的化石

一直以来，大家一致认为始祖鸟化石是世界上最有名的化石，也是进化最佳的例证。实际上，它第一次被发现的时机再好不过了。在 1859 年，查尔斯・达尔文出版了他的巨著《物种起源》，这是生物学史上最重要的出版物。它第一次总结出了演化的两大原则：一是生物的特征代代相传，略有改变；二是自然选择。

“生物的特征代代相传，略有改变”，就是我们现在说的“生命进化树”。达尔文最先提出所有生命都经历了百万年以上的演化，都是从一个共同祖先演化而来的，今天和过去的所有物种都是相互关联的，因此我们最好以进化树的形式来展现这种演化关系。现在通过研究 DNA 分子数据，已经可以在一个进化树上展现超过 1 万种现代鸟类的演化关系。通过研究化石中骨骼的解剖学特征，可以把远古鸟类插入进化树当中。

达尔文的《物种起源》的另一个重大进步，就是提出了自然选择的演化模型。他认为，个体和物种之间为了有限的食物和生产空间竞争，那些能够在竞争中超过其他生物的竞争者才能生存下来，更有机会把有利的特征遗传给后代。

对页：
这可能是最重要的一页笔记——查尔斯・达尔文在 1837 年末绘制的著名素描，他根据他的理解，绘制了这个进化树。这时他忽然意识到，所有的物种都通过这个系统联系在一起，亲缘关系更近的物种分化得更晚，而亲缘关系更远的物种在更古老的时代有共同祖先。

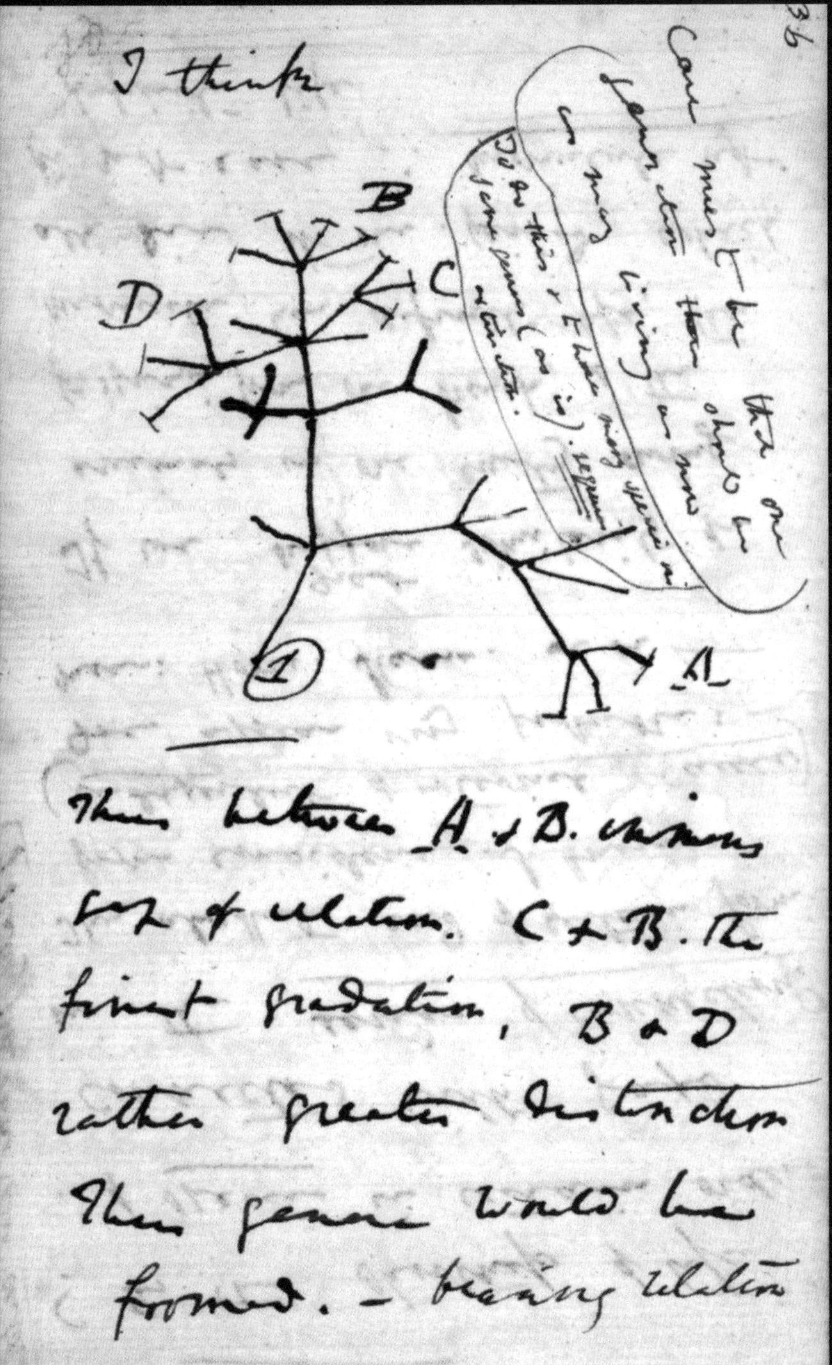

I think

Case must be that one generation then should be as many living as now. To do this & to have many species in same genus (as is). requires extinction.

B

C

D

1

A

Thus between A & B. immense gap of relation. C & B. the finest gradation, B & D rather greater distinction Thus genera would be formed. — bearing relation

最早一批始祖鸟化石是在1860—1861年被发现的，紧跟《物种起源》的出版。还有比这个时候更好的发现时机吗？达尔文关于演化的两大观点是极具争议性的，也急需证据。为了证明“生物的特征代代相传，略有改变”，达尔文需要过渡化石的证据，比如爬行动物和鸟类之间的过渡化石，而此时证据来了——第一件始祖鸟化石，现存于伦敦的自然历史博物馆。这一具完整的骨架清楚地展示了鸟类的特征，包括它的翅膀、躯干、后肢和尾巴，同时也有很多爬行动物的特征，如上下颌上长着牙齿，以及长着很长的骨质尾巴。

达尔文并没有对这个新发现提出任何观点，当时的他已经很富有了，归隐到了乡下，对在科学界或公共场合进行公开的辩论不再感兴趣。然而，这件化石却成为联系当时最优秀的两位解剖学者的纽带，他们是理查德·欧文和托马斯·亨利·赫胥黎。这二位都出身贫寒，靠研究来维持生计，需要职位来维持生活。欧文与反达尔文主义者结盟，赫胥黎则与支持演化论的科学家们站在一起，两人都对进行一场公开辩论很感兴趣。

因此，他们都迫不及待地想看到化石。欧文凭借着担任英国博物馆自然历史部门主管的职位和威望，在1862年购买了一件在德国一个小采石场上发现的化石。他对这件标本进行了详细描述，但这个物种已经在1861年被德国古生物学家赫尔曼·冯·迈耶命名了，并极力证明这就是一种纯粹而简单的鸟类化石，尽管这种鸟类生存的时代要比其他任何鸟类都要古老。欧文认为，始祖鸟和现代鸟类一样，就是鸟的样子，不是什么“缺失的环节”。

赫胥黎虽不能亲眼看到化石，但他还是写了关于始祖鸟的文章，提出了他的观点，认为始祖鸟实际上是“披着鸟皮的恐龙”——他对比了始祖鸟的骨骼和美颌龙的骨骼，美颌龙是一种地栖的食肉恐龙，它的前肢很短，也被发现于德国南部的一些和始祖鸟化石位置相近的矿床当中。赫胥黎站在了正确的一方，他的观点在100年后被约翰·奥斯特罗姆证明是正确的。赫胥黎在报纸上面发表了他的理论，并对科学团体和大众发表了很多演讲，因此他的观点被广泛地传播和接受。

对页：
柏林的始祖鸟标本，在1874或1875年从索伦霍芬采集，由德国柏林的自然历史博物馆（现在的洪堡博物馆）从它的发现者雅各布·尼迈耶手中购得。这是第二件市面上销售的始祖鸟标本；第一件标本当时已经被伦敦的自然历史博物馆收购，因此德国人决定保住这一件。

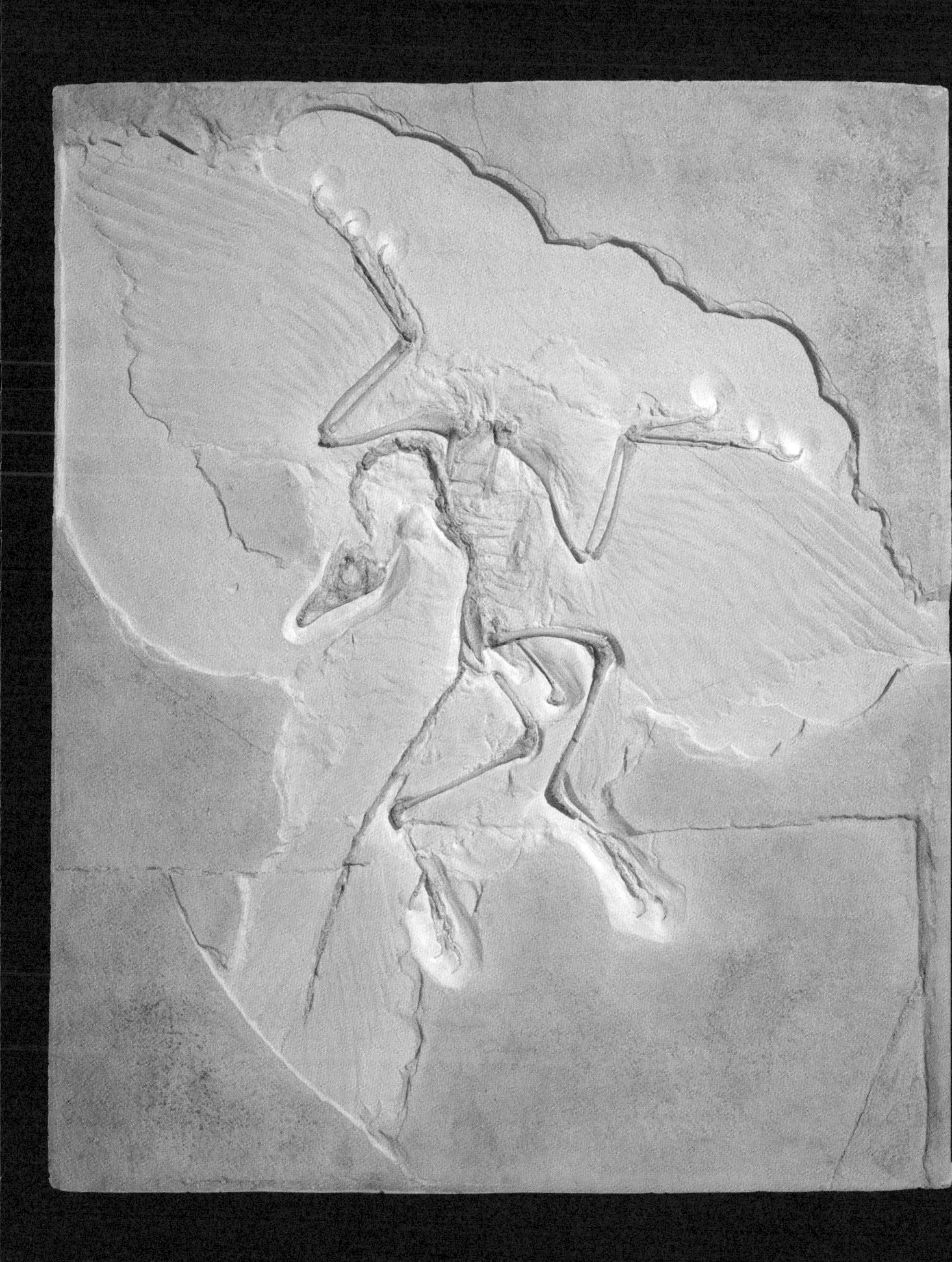

被发现于 1860 年的羽毛化石，这是鸟类生存在中生代的第一个证据。这件化石是在始祖鸟化石发现之前被发现的，并经过了科学家们详细的研究。现在，正模存于慕尼黑的自然历史博物馆，对模现存于柏林的洪堡博物馆。

始祖鸟的羽毛

接下来的 100 年里，在德国的矿山上发现了更多的始祖鸟化石，始祖鸟也成为教科书和恐龙科普书的宠儿。当时没有人知道如何通过化石羽毛来恢复恐龙羽毛的颜色；因此始祖鸟当时的形象总是有非常丰富的色彩，身上的不同区域有蓝色、绿色和红色羽毛，但这些假设是完全没有依据的。古生物学家对始祖鸟的羽毛除了颜色外的其他特征进行了很仔细的分析研究。

在 1861 年发现的标本都有飞羽——翅膀外侧分布着初级飞羽，而短一些的次级飞羽和三级飞羽则紧贴在身上。这些羽毛是不对称的，就像现代鸟类的翅膀羽毛一样，与尾羽龙的对称羽毛不同。始祖鸟尾巴上的覆羽（叶片状相互叠覆的羽毛）更为对称，沿着它长长的骨质尾巴一直分布到末端。在现生鸟类当中，始祖鸟那样的骨质长尾已经缩短成为尾综骨，所有尾羽都附着在尾综骨上，就像一个扇面一样。但始祖鸟还保留着恐龙的样子，小盗龙也是如此，尾羽更接近叶状，沿着骨质长尾排布。

始祖鸟的背部也分布着一些覆羽，身体的其余部分可能覆盖着短的、胡须状的羽毛，像中国龙鸟身上的羽毛那样，这些羽毛有点像蓬松的鸭绒。然而这些羽毛并不像中国的中国龙鸟标本的羽毛那样清晰可见，因为保存方式不同，所以始祖鸟的羽毛印痕有更少的有机质成分；也可能是因为更纤细、蓬松的羽毛在埋藏之前就脱落了。

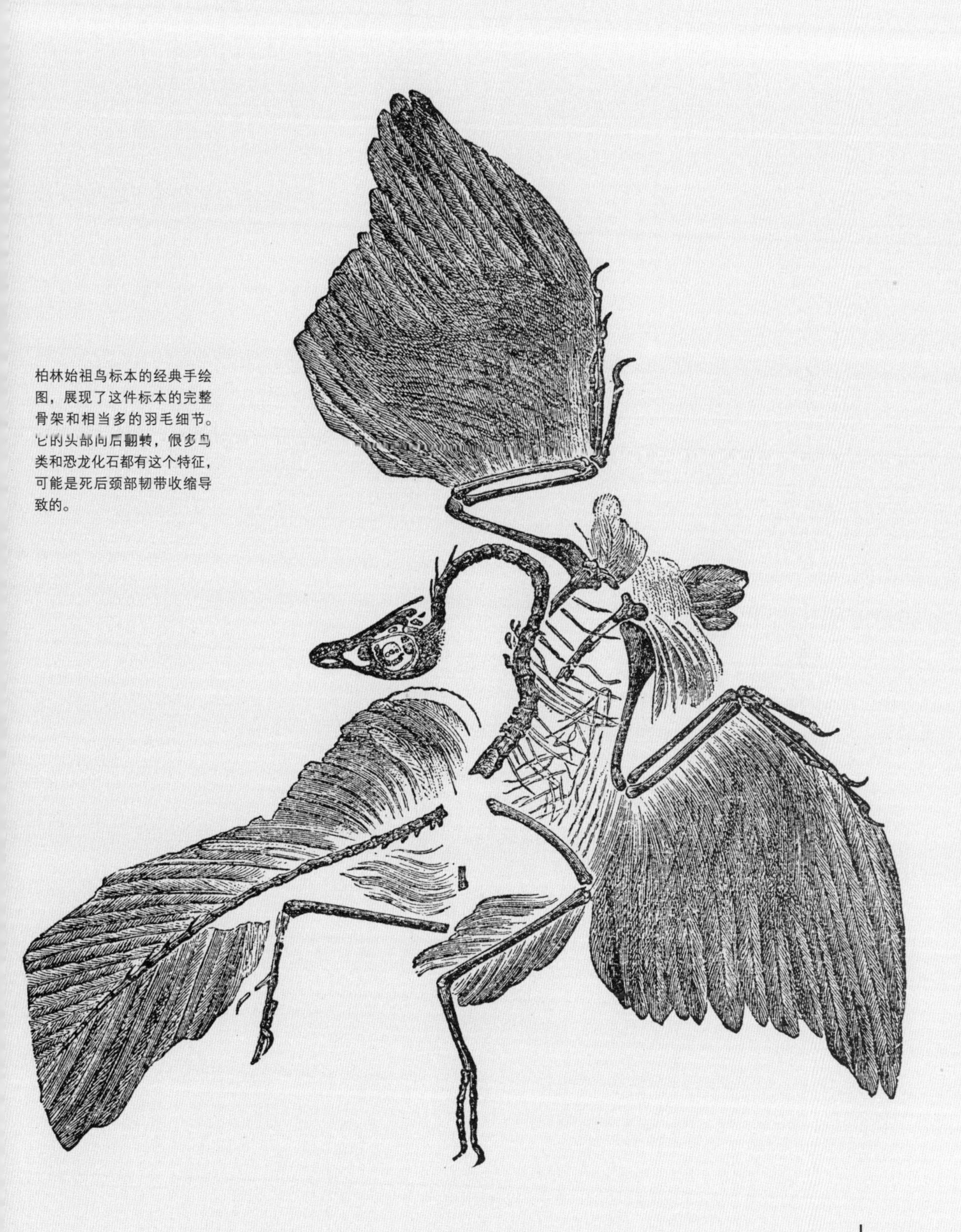

柏林始祖鸟标本的经典手绘图，展现了这件标本的完整骨架和相当多的羽毛细节。它的头部向后翻转，很多鸟类和恐龙化石都有这个特征，可能是死后颈部韧带收缩导致的。

2012 年，耶鲁大学的硕士研究生瑞安·卡尼发表了一篇关于始祖鸟羽毛颜色的研究的文章，但是他只被允许研究 1860 年发现的那根独立的始祖鸟羽毛，而不能分析其他材料。那根羽毛上的黑素体表明它是黑色的，可能色素在羽毛尖端沉着，所以羽毛尖端颜色最深。不幸的是，他没有对始祖鸟羽毛进行进一步的研究。

为什么只研究了一根羽毛呢？进行羽毛颜色研究时，需要在化石标本中取出一小块岩石碎片在显微镜下进行观察。我们曾申请研究始祖鸟化石，即使我们已经解释说，“取样只需要一点点，大约一两毫米”，但博物馆的馆长依旧面露难色，没有允许我们对始祖鸟化石进行取样——可以理解，毕竟这是对这无价之宝的损坏性取样。对于这种“世界上最昂贵的化石”来说，卡尼只能研究一根独立保存的羽毛，也是可以理解的！

第一只鸟可以飞吗？

这个问题看起来不言而喻，如果一只动物看起来像一只鸟，那它的行为就应该像一只鸟。始祖鸟有与鸟类类似的翅膀，肩关节结构也类似现代鸟类，因此它可能也有类似的支持飞行的肌肉系统。演化出扑翼飞行的本领是一个巨大的跨越，但滑翔是很简单的，小盗龙就会滑翔，但它们是不能扑翼飞行的，在演化树上，它们也和始祖鸟一样和鸟很接近。

那么，始祖鸟会飞吗？实际上始祖鸟并没有现代飞鸟那样的高而突出的龙骨。如果你拆解过鸡骨，就会很熟悉龙骨。我们将鸡腹部朝上，切下鸡胸肉部分，胸骨就是在这个姿势下正对着我们的骨头。鸡胸主要是由发达的胸大肌构成的，是鸡扑动翅膀的力量来源。胸大肌一端连接到肱骨（大臂骨）上端，另一端整体贴在胸骨上面，因此当这块肌肉收缩时，翅膀被强大的力量向后下侧牵拉。

虽然鸟类翅膀的向上运动也是必不可少的，但没有向下扇翅重要。向上运动由喙上肌提供动力。喙上肌位于胸大肌之下，通过一个特殊的滑轮状结构穿过肩膀，向下连接到胸骨上。当喙上肌收缩时，翅膀会抬起，但这个运动不需要向下扇翅那样大的力量，因此喙上肌的体积可能只是胸大肌体积的 1/10。如果你拆解完你买的整鸡，你会发现鸡胸被分成了大小不同的部分，可以见到比较大的胸大肌和旁边比较小的喙上肌。如果你重新买一只鸡做实验，清理掉它的胸部羽毛和皮肤，分离胸大肌和喙上肌，然后依次拉动两块肌肉，就可以看到翅膀上下扇动。

始祖鸟没有很大的胸骨嵴，胸部比较低平，所以有些人认为始祖鸟应该没有很发达的胸大肌，只能提供很弱的向下扇翅的力量。这可能是真的，但是蝙蝠也没有发达的胸大肌，它们却也可以通过拍打翅膀来飞行。

实际上，通过对始祖鸟的翼展和体重的计算发现，它们正好适合飞行。它们的翅膀足够大，足以支撑体重，翼展和翼形和乌鸦、野鸡的相近，而这些鸟可以在树林中的复杂环境中飞行。因此，始祖鸟应该是可以飞的——但很难像海鸥或者燕鸥那样长距离飞行，也达不到雨燕或者燕子一样的飞行速度，它们也许只能在树丛或者其他障碍物之间飞行数十到数百米。

从树上往下飞，还是从地面往上飞？

通过对小盗龙飞行模型的研究发现，滑翔体以从高点跃下并保持速度缓慢下降的方式飞行效果最好。始祖鸟可能就是如此飞行的。从始祖鸟的第一件化石被发现以来，科学家们一直在激烈争论鸟类的最初的飞行方式是自树而下，还是从地面起飞。自树而下的假说在 20 世纪 70 年代之前一直占主流，直到约翰·奥斯特罗姆提出了一个新理论——带羽毛的恐龙越跑越快，扑扇着翅膀跳起来捕捉昆虫，最终跳跃着起飞，扇动翅膀飞上蓝天。

这听起来有点牵强，但是这种从地面起飞的假说在 20 世纪 80 年代得到了空气动力学专家的支持，他们认为滑翔和动力飞行两种方式是各自独立演化的，滑翔动物永远也不能演化成扑翼飞行动物。他们主要的论点是滑翔动物一般缺少拍打翅膀所需的强大肌肉。此外，我们也没有见到现生滑翔的蜥蜴、青蛙和其他哺乳动物演化出扑翼飞行能力的迹象。进一步地，蒙大拿大学的肯尼斯·戴尔借助一些地栖的鸟类，比如石鸡的相关证据构建了一个有趣的模型，展示了鸟类在起飞之前沿着斜

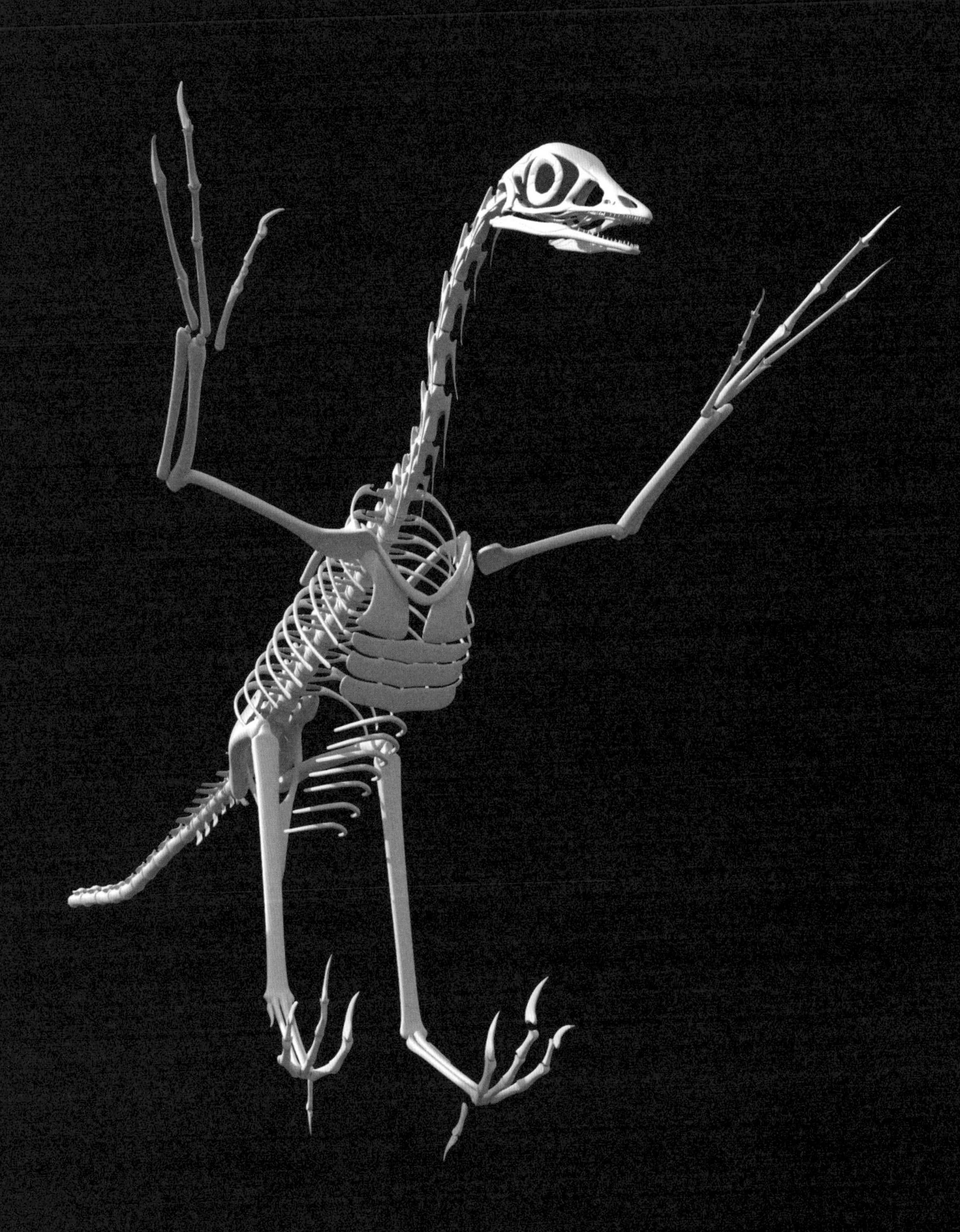

坡奔跑的样子。他提出的鸟类在翅膀协助下沿着斜坡奔跑起飞的观点非常流行。

然而，所有来自中国的新化石都支持自树向下的飞行起源假说。很多研究工作发现滑翔动物可以演化为飞行动物。此外，大部分生物力学专家会告诉你“飞行当然要利用重力啊”，向下跳跃可以节约很多能量，如今的许多滑翔动物就是这样的。

这极大地改变了我们对始祖鸟，以及对其他恐龙、早期鸟类的认识。大部分兽脚类恐龙，比如异特龙和霸王龙演化成猎食巨型植食性动物的大型猎手，而长着翅膀的肉食恐龙的进化分支却越变越小。它们所处的环境证据表明，周围树木繁茂，它们的猎物似乎也主要生活在树上，所以在树上捕猎似乎也可以解释它们体形小型化的原因和飞行的起源过程。

对页：
始祖鸟正在着陆。因为看上去没有羽毛，这具骨骼模型看起来似乎不能飞行。实际上，翅膀和尾巴上有羽毛，可以提供充分的升力。但对于始祖鸟及其他所有飞行动物来说，着陆都是一件危险的事情。鸟类需要先减速到一个较低的速度，低速会存在坠落的风险。但低速是非常重要的，可以防止鸟类直接撞到地上粉身碎骨。始祖鸟会展开它翅膀和尾巴上的羽毛，在低速飞行时提供最大的升力。它的腿和足部向前伸展，用来吸收着陆时的冲击力；降落在树干上可能比降落在开阔地上的风险更小，因为早期的鸟类可以用脚爪抓住树干，而不会翻倒。

6

孔子鸟

早白垩世 距今1.3亿—1.2亿年前

炫耀它的尾羽？一些研究人员推测，在一些孔子鸟标本中，长尾羽的长度可能与孔子鸟的性别有关，雄鸟可能用长尾羽来吸引雌性配偶。

灰色的阴影

雄鸟从树丛间冒出头，沿着树枝跳跃，落在地面的空地上。它展示着长长的尾羽，嘎嘎地叫着，上下摇摆头部，吸引附近雌鸟的目光。像孔雀一样，它可以举起并摇晃尾羽，发出独特的沙沙声。它为这个求偶过程付出了大量的精力，而羽毛颜色暗淡、尾巴较短的雌鸟，就站在一边静静地看着它。

孔子鸟是 1.2 亿年前的早白垩世中国最常见的鸟类。现在在中国已经发现了上千件孔子鸟标本，许多标本保存着精美的羽毛，一些羽毛上还保存着深色的条纹和斑点图案。科学家在复原羽毛颜色的过程中发现它还有姜黄色和其他颜色，但由中国地质大学李全国和得克萨斯大学朱丽叶・克拉克联合进行的研究表明羽毛是灰色和黑色交叉分布的。孔子鸟的翅膀是均匀的灰色，翅膀下部的羽毛末梢是黑色的。当这些羽毛相互叠覆的时候，就构成了 5 个不完全连续的条带；躯干上的羽毛主要是灰色的，脖子和头部是其他颜色；喉咙部分的羽毛是苍白色的，上面分布着一些黑色的斑点和新月形的斑块，这些斑点和斑块向上延伸，环绕眼睛和头顶，一些尖尖的羽毛在后脑勺向后竖着。

雄性孔子鸟的修长的、像旗帜一样的尾羽特别引人注目。李全国和克拉克研究的标本是一只雌性孔子鸟，但是其他研究工作表明雄性孔子鸟的这种修长的羽毛大部分是灰色的，可能在羽毛中部有一条淡灰色的条带，是没有颜色的羽轴，而羽毛的末端是黑色的。李全国、克拉克和同事们认为，孔子鸟身上没有黑素体的羽毛可能是红色、黄色、绿色或者紫色的，但这些色素是检测不到的。如果孔子鸟有彩色的羽毛，那会更美丽。

在现代鸟类中，羽毛的颜色和图案的主要作用是伪装和传递信号。这些图案在信号传递中的价值主要是提供信息，雄性通过展示羽毛向雌性求偶就是一个很好的例子。羽毛的颜色和图案也可以告知其他鸟类自己的类别、性别、年龄和身体状态。始祖鸟有非常精致的条纹和斑点图案，就像现代鸟类一样精致，这表明羽毛复杂的颜色和图案在鸟类演化早期非常重要。同时，始祖鸟身上的颜色和图案也传递了很多有关栖息地和生态环境的信息。

孔子鸟身上的灰色斑点的复原图。这是精致的羽毛图案最早的证据，这些图案可能是为了伪装而演化的，也可能是为了传递物种或者性别等身份信息。

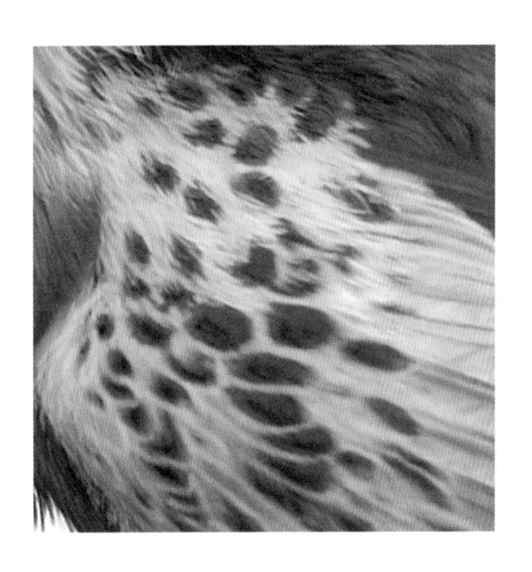

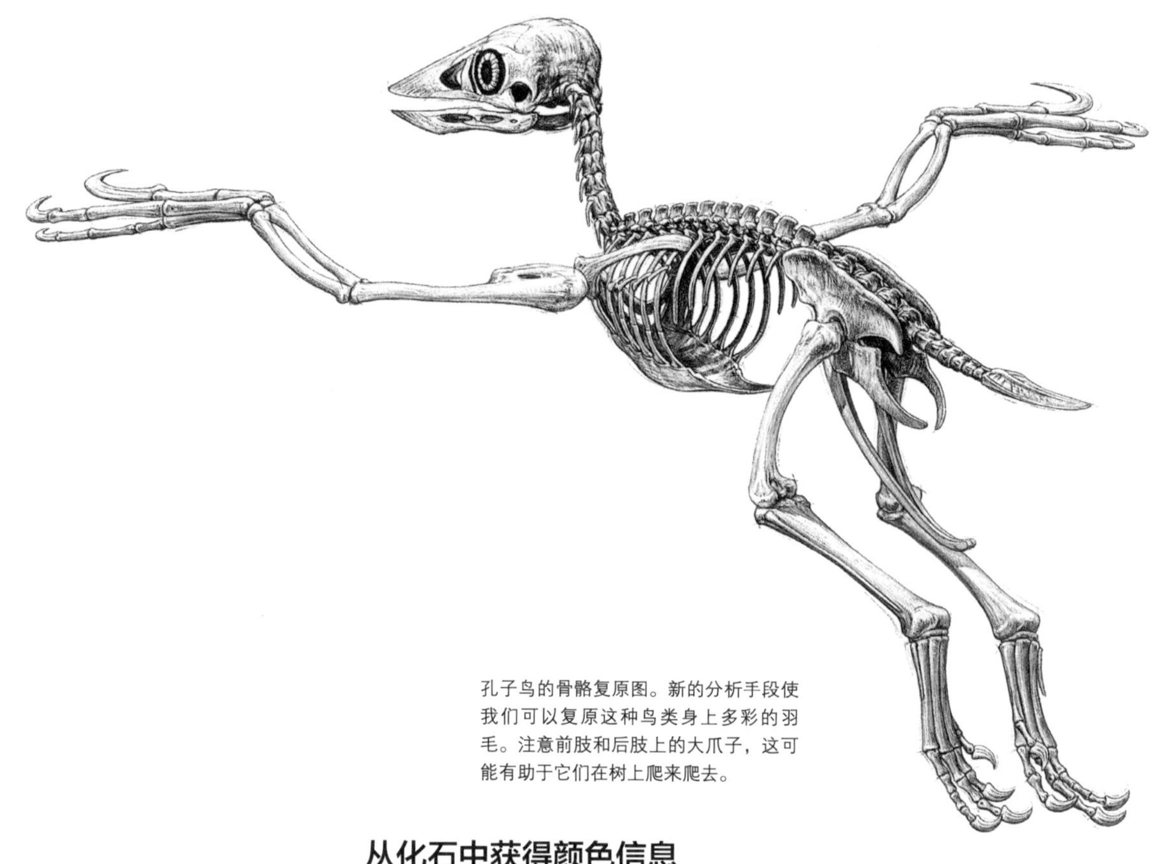

孔子鸟的骨骼复原图。新的分析手段使我们可以复原这种鸟类身上多彩的羽毛。注意前肢和后肢上的大爪子，这可能有助于它们在树上爬来爬去。

从化石中获得颜色信息

李全国和克拉克在 2018 年的研究是古生物学家在探索古代鸟类和恐龙颜色的过程中开发出一系列尖端研究方法的一个范例。首先，研究人员从中国地质大学收藏的一件化石中采集了 32 份微小样本。然后，他们使用了一系列昂贵的分析工具来研究色素的性质，工具包括扫描电子显微镜、共聚焦拉曼光谱仪、飞行时间二次离子质谱仪和基质辅助激光解吸 / 电离方法，这些工具都在研究古老色素的过程中发挥了巨大作用。

扫描电子显微镜（SEM）是自然科学领域中常用的工具，也是识别远古色素的第一种方法。色素保存在羽毛中的胶囊状结构当中，这种结构就是色素体。扫描电子显微镜可以将羽毛碎片放大 10 万倍。在这种高精度下，哪怕每个黑素体长只有 1μm，也就是 0.001mm，也可以在显微镜下被观察到。研究人员在孔子鸟标本中鉴定出了不同形状的黑素体，从经典的香肠状真黑素体，到球形的褐黑素体。这些不同黑素体的形状表明孔子鸟的羽毛中有不同颜色的色素：真黑素体是黑色、褐色和灰色，而褐黑素体是姜黄色。

孔子鸟标本的左侧可能是雄性，右侧可能是雌性，保存在中国四合屯地区出产的岩板上。雄性细长的像旗帜一样的尾羽可能用于性展示。

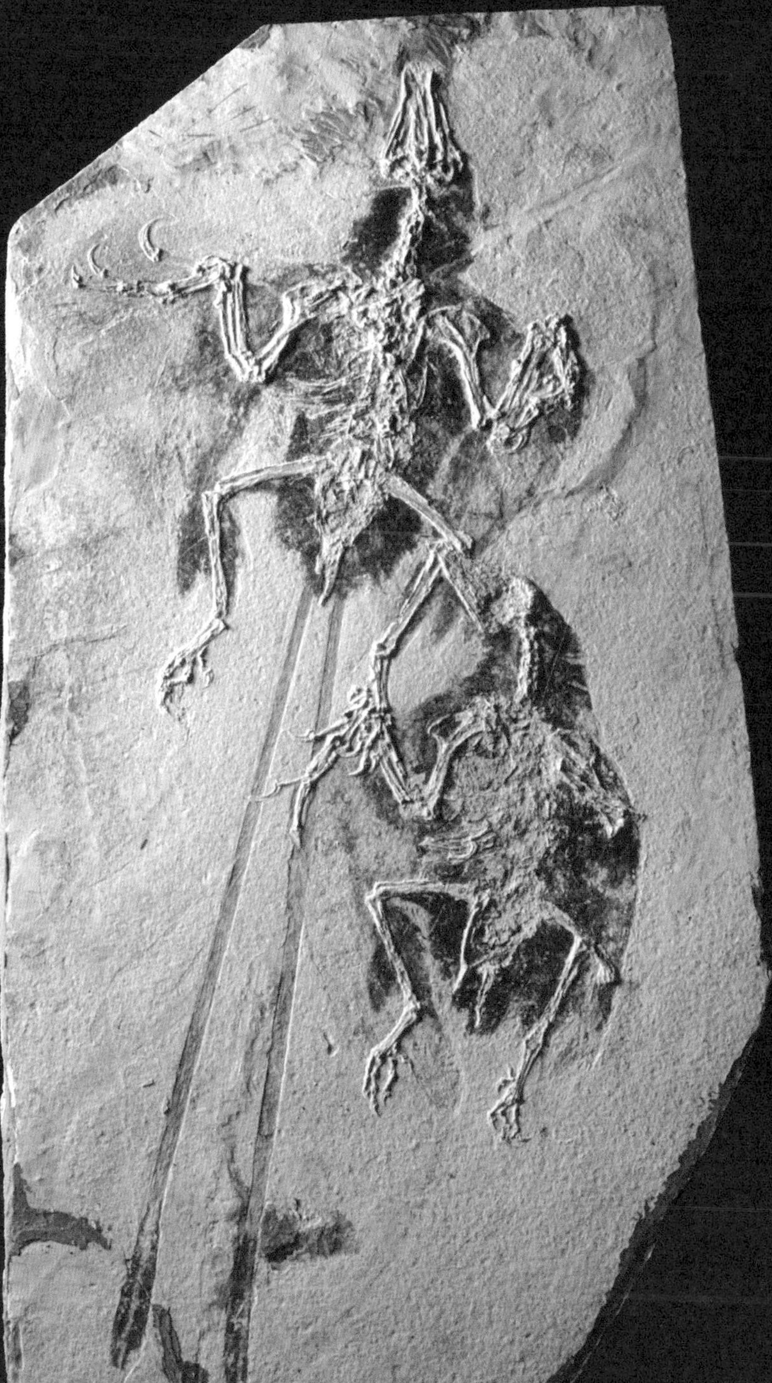

羽毛化石中的黑素体。黑素体是球形的①还是圆柱状的②取决于它们内含的颜色。球形的褐黑素体形成姜黄色，而圆柱形的真黑素体形成黑色、棕色和灰色。

①

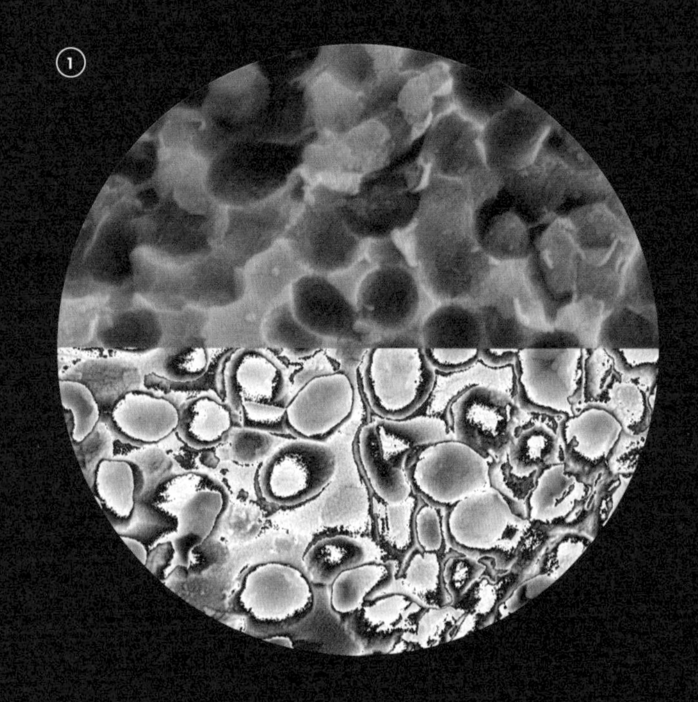

②

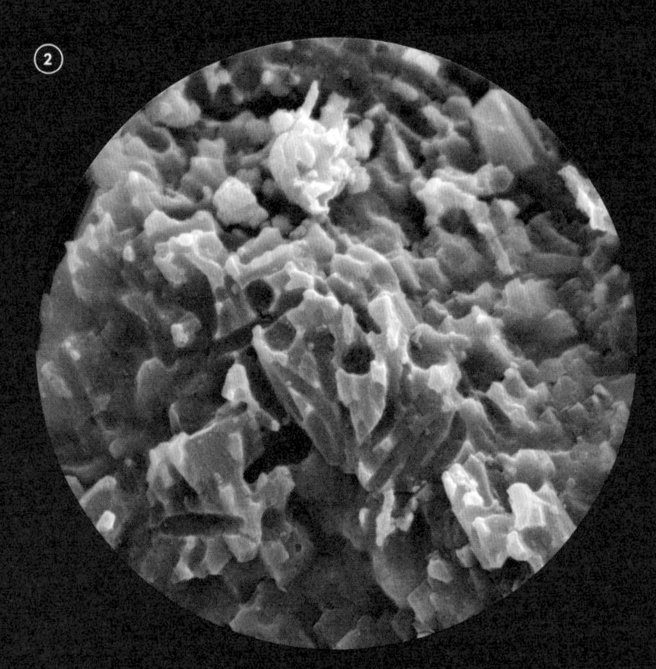

但研究人员最感兴趣的不是黑素体的大小或者形状，而是他们是否可以用化学分析手段证明色素的存在。他们首先使用了共聚焦拉曼光谱仪分析孔子鸟的化石样本，方法是用高能激光束来反映结构深处埋藏的信息。这种激光束可以对直径仅为 1μm 的微小光斑进行化学分析。通过将化石样本中检测到的波长光谱与现代化学手段提纯的色素样品信号进行比较，李全国、克拉克和同事们证明了化石中真的存在真黑色素。

第三种分析方法使用的是飞行时间二次离子质谱仪（ToF-SIMS），这是一种非常昂贵的仪器。这种仪器和共聚焦拉曼光谱仪一样，能够分析微小的样品。仪器会产生脉冲离子束来撞击样品，散射的离子会被探测器捕获；这些离子飞行的时间以纳秒为单位，可以用于鉴定不同的化合物。

研究人员还试图应用其他方法来辨别这些颜色的化学成分，遗憾的是没有更多的结论。这不是在浪费时间——有时候方法的开创者们会遇到很多困难，在他们的不断努力下，总会解决这些问题的，甚至在这个过程中会开发出全新的研究方法。毕竟孔子鸟的化石首次在 20 世纪 90 年代被发现的时候，没有人会想到现在有这么多研究化石的高精尖科技手段。

复原的孔子鸟翅膀颜色。注意羽毛有些地方开裂了，可能是在求偶时造成的羽毛的磨损。

对页：
中国东北部辽宁省的四合屯化石点，义县组的岩层。这里是细层的泥灰质沉积层，中间夹杂着附近火山活动形成的火山灰层。

热河群

中国的博物馆里面展览着超过3000件孔子鸟的标本，许多标本收集自同一个地点——四合屯，这是一个靠近辽宁省北票市的小村庄。露出来的化石呈白色，沿着农田下面展布，两侧的围墙高10m。2007年，我们第一次到访这个化石点，当时北京的中国科学院古脊椎动物与古人类研究所刚刚在这里进行了一次收获颇丰的科考发掘。

典型的孔子鸟标本就像公路上被汽车碾压的鸟尸一样扁平，所以当分开石板的时候，标本就在两层石板之间。这些石板的厚度只有1cm，但两侧都保存着化石痕迹。大部分孔子鸟化石与鸽子大小相当。孔子鸟的翅膀通常略微展开，双腿分开，头部弯曲。在躯干内部，肌肉和内脏已经被压到骨头下方，或者变成了躯干四周的黑色有机团块，而羽毛向两侧散布。

虽然地质学家早在20世纪20年代就已经发现了此地区的这些沉积岩层，但化石标本在接近70年之后才被报道在科学期刊上面。地质学家们鉴定认为这是一个独特分布的岩石地层单元，它们广泛地分布在很大一片区域，东西数百万米，横跨中国北方，尤其是在辽宁、河北和内蒙古最为常见，因此被命名为热河群。他们当时已经发现热河群富含昆虫及其他无脊椎动物化石，但令人惊讶的是，当时他们并没有发现任何包括零星羽毛化石在内的恐龙、鸟类化石，直到在1990年前后这些化石点才被重新发掘。也许当地农民在那些年间也能发现孔子鸟化石，只是这些化石地处偏远，无人知晓。

近些年来，中国发现了大量的重要化石，对于恐龙和早期鸟类研究而言，最重要的化石来自热河群，包括义县组和九佛堂组。你可能会问：为什么一个国家能有这么多化石？答案是古生物学家们在欧洲收集化石超过了200年，而北美的化石发掘也超过了150年，因此这些地方已经很难有颠覆性的发现了，但这也不是绝对的。中国的古生物学确实在20世纪90年代之后开始腾飞，大量化石证实中国确实是一个神奇的化石宝库。中国的化石不仅仅有恐龙，还有最古老的动物化石——早期鱼类和惊人的海洋爬行动物化石。

次页：
在早白垩世，狂风可以吹起火山灰，将其覆盖到中国辽宁省的大地上，在四合屯古老的河床上形成了易于保存化石的条件。这些细粒的沉积物主要由来自戈壁沙漠的黄土组成，来自北方很远的地方。

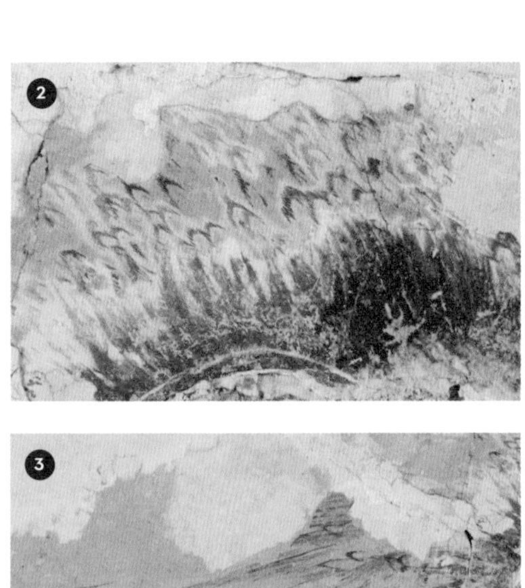
2

3

4

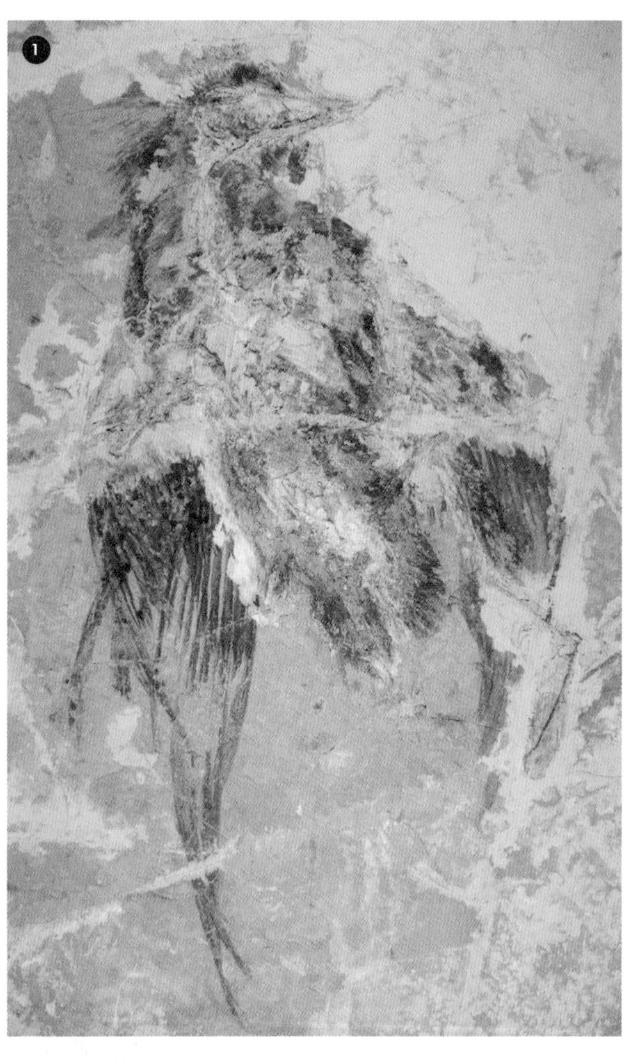
1

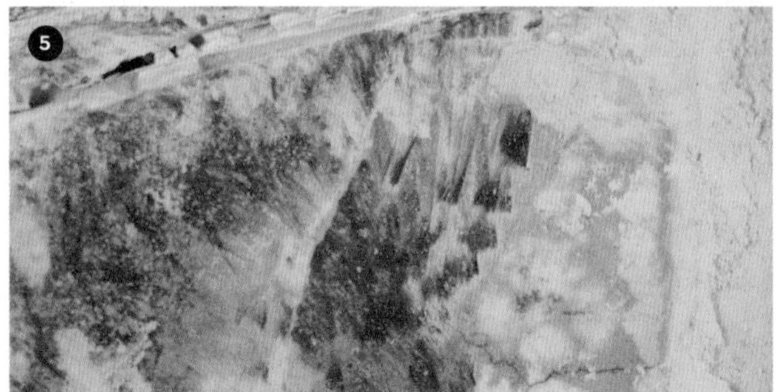
5

求偶展示

孔子鸟最著名的标本是两只孔子鸟在一起保存的标本，一只孔子鸟有短尾巴，另一只有长尾巴。这种保存情况一直被解释为一雌一雄，正如前文所说，有长尾巴的是雄性。这会让我们想到现生的孔雀、琴鸟或者野鸡，这些鸟的雄性色彩鲜艳，并在交配之前会用尾巴进行壮丽的性展示。孔子鸟是否会像火鸡一样，撑开、抬起、放下尾巴，沙沙地摩擦尾羽来引起雌性注意?

这些行为是根据现代鸟类而提出的假设。但是，我们可以确定我们正确地识别了雄性和雌性么?毕竟，我们也可能看到的是两种不同的孔子鸟，一种短尾巴，一种长尾巴。到目前为止，孔子鸟标本的性别依然不确定。

有一些希望证实长尾的是雄性、短尾的是雌性的研究，是通过雄性和雌性的体形差异来证明这件事情的。但是，在洛杉矶县自然历史博物馆的路易斯·恰佩及其同事的研究中，体形似乎与有没有长尾巴之间缺少显著的相关性。他们研究了 100 件孔子鸟标本，确定了一个幼年阶段和两个成年阶段的体重分布。在成年阶段的孔子鸟中，一部分体重在 300g 左右，而另一部分体重在 500g 左右。在现代鸟类中，雌性往往是体重较重的，因为它们要承担产卵的责任。目前尚不清楚不同体重的孔子鸟哪些是雄性、哪些是雌性，甚至不清楚这两类不同的体重分布是否代表着性别差异。研究人员发现，在整个体重分布范围内，有长尾羽的标本体重范围为 150~700g，没有长尾羽的标本的体重分布范围也是如此。他们认为，也许雄性和雌性的孔子鸟在一年的某些时候都会长出长长的尾羽，就像如今的野鸡一样，雌性的尾羽和雄性的一样长，只是颜色没有那么鲜艳。

对页：
标本 CUGB P1401 体现了孔子鸟身上的羽毛多样性(①~④)。标本①显示了羽毛的细节，包括②头顶和③头部后侧，以及④次级和⑤咽喉部的羽毛。

体形和尾羽长度

路易斯·恰佩研究了孔子鸟标本大小和长尾羽是否存在之间的相关性，以确定这些羽毛是否和性别相关。事实证明，情况并没有人们想得这么简单。装饰性的羽毛（黄色条形图和方形）在所有体形的标本中都存在，与没有装饰性尾羽的标本（白色条形图和方形）体形大小范围一致。长尾羽在幼年和成体之间都可以见到（星号标记了性成熟的体形），因此尚不清楚长尾羽是不是雄性独有的特征，但是长尾羽从幼年阶段就开始出现了。

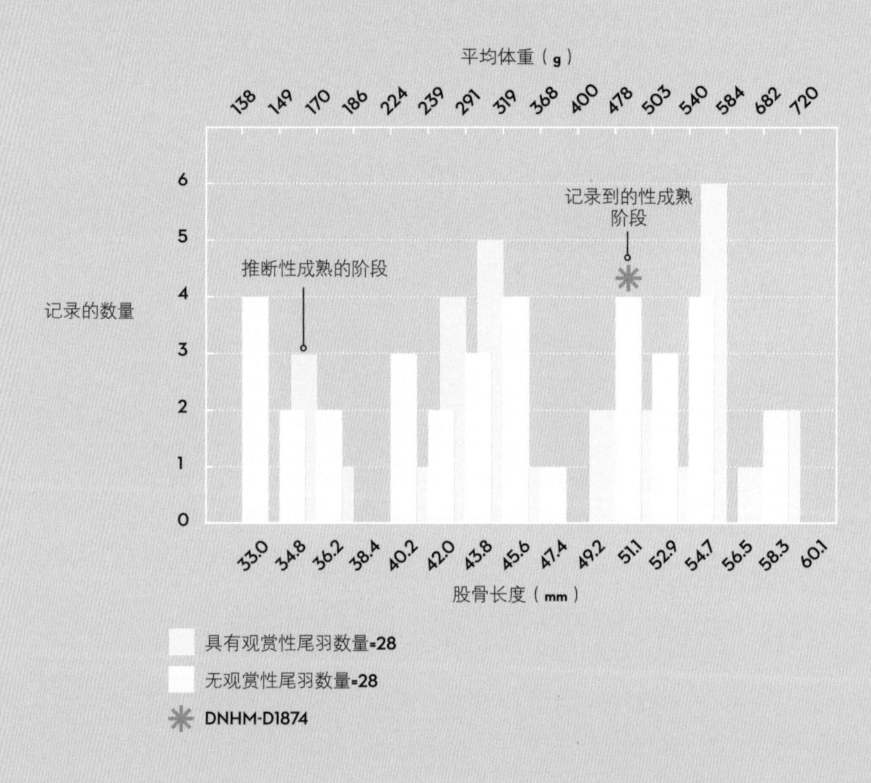

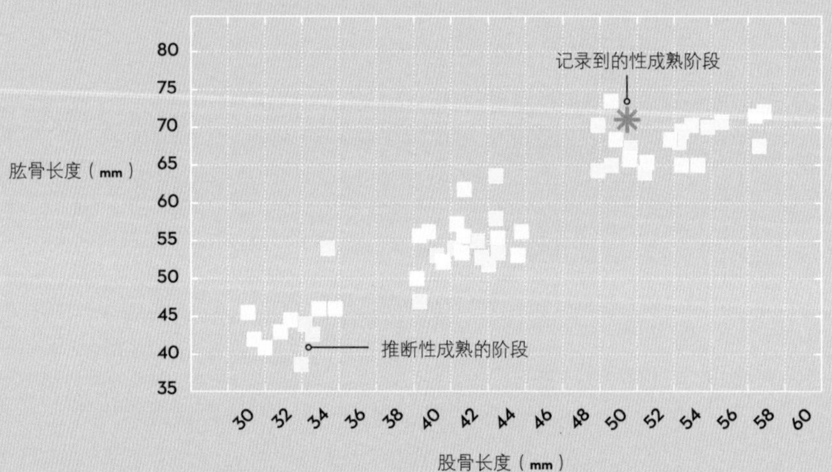

可能雄性的孔子鸟会用多彩而奢华的羽毛作为性展示，就像雄性孔雀。

在 2013 年，来自南非博物馆的阿努萨·钦萨米和同事们证实，至少有一个短尾巴的孔子鸟标本是雌性的。他们在研究前肢和腿骨的骨骼切片的时候，发现了一些髓质骨。这是一种特殊的海绵状骨组织，在现代的鸟类中只在雌鸟中发现过。这种组织会出现在准备产卵的雌鸟骨骼的骨髓腔当中，这是因为形成蛋壳所需的钙质要从骨骼中吸收，因此留下了海绵状的、不规则的骨组织。

那么，孔子鸟的雄性是否会像现代野鸡和孔雀一样，在性展示中用装饰性的尾羽来求偶？如果雌性也有观赏性的尾羽，那么雌性和雄性可能只在一年的某些时候才长出这种结构，作为选择伴侣时展示个体健康状况的信号。我们需要更多研究来确定一些长尾羽是否比另一些长尾羽更加鲜艳，确定是否就像现代野鸡一样，雄性有比雌性更多彩的羽毛。

7

埃德蒙顿龙

0 m
10 m

成群迁徙的埃德蒙顿龙。有证据显示，这类恐龙大都生活在一个大群体中，而且它们会迁徙很长的距离，也许是数百万米，以寻找它们所需的食物。

成群迁徙

如果我们能看到加拿大阿尔伯塔省地区的晚白垩世的景观，就可能看到 50 只埃德蒙顿龙（*Edmontosaurus*），它们主要以低矮的灌木丛为食，其中较大的埃德蒙顿龙会用后肢立起来，从针叶树的枝条上剥下叶子来吃。它们像巨大的牛一样不停地咀嚼，它们的下巴在来回运动时会发出刺耳的声音，它们用舌头搅拌嘴里的大量食物。埃德蒙顿龙偶尔暂停咀嚼动作，抬起它的口鼻以便吞下食团，也就是这些反复咀嚼的产物。不经意间，河边的一只埃德蒙顿龙放了一个屁，另一只则排出一大坨粪便，落在地上并向旁边流动，形成一个 2m 宽的鸭嘴龙粪团（埃德蒙顿龙属于鸭嘴龙科）。这个粪团很快吸引了一些嗡嗡作响的苍蝇

和强壮的蜣螂，它们准备开始一场清理作业。

突然，暴龙类的惧龙（*Daspletosaurus*）出现在河流对岸。最先发现惧龙身影的那只埃德蒙顿龙用后肢站起来，抬起头并开始号叫。它们的叫声传到了族群中，紧接着较大的雄性发出低沉的吼声；雌性则发出稍高一些的声音；而幼体发出更高音调的犹如喇叭一般的声音。在这些危险的平原上，数量优势是安全的保障。

中生代的绵羊

也许看到这里你会想，这才是一只“真正的”恐龙——满身鳞片且体型巨大。前面介绍的恐龙都是小型的肉食性动物，和鸟类关系密切，因此它们也具有类似鸟类的特征，例如身披羽毛或在某种程度上可以飞行。

显然，埃德蒙顿龙并不会飞。它属于鸭嘴龙类，这个分类名称由来已久，叫这个名字是因为它们头部尤其是长长的且末端加宽的口鼻就像鸭嘴一样。这个宽大的喙上的覆盖物由角蛋白构成，并有很多垂直的凹槽。

虽然对我们来说它可能看起来很怪异，但埃德蒙顿龙在那个时代却是非常典型的恐龙——鸭嘴龙类在晚白垩世的北美洲非常普遍，以至于它们有时被称为“中生代的绵羊”。像绵羊一样，鸭嘴龙类似乎也会成群结队地一起漫步，而且它们长长的下颌前部没有牙齿。取代前部牙齿的是两个骨板，一个在上面，一个在下面，用于抓取食物并将其进一步传递到口腔后部。长长的颌部的后部排列着数百甚至数千颗牙齿，用于彻底粉碎植物，鸭嘴龙类也以这种密集的牙齿而闻名。它们之所以有这么多牙齿，是因为要吃坚韧的食物。在 20 世纪 20 年代，古生物学家发现埃德蒙顿龙标本的胃部有针叶树的针状叶子，咀嚼如此坚韧的食物自然需要定期更换新牙。我们人类一生只有两副牙齿——乳牙和恒牙。爬行动物和鱼类的牙齿往往会不断生长，牙齿被磨损后就会被推出下颌，并从下方冒出新的牙齿。在鸭嘴龙类中，这种模式转化成在下颌内侧的每颗功能齿[1]后面长出 6 颗或更多颗牙齿，而这排牙齿形成了一个多尖切磨系统。成列的牙齿中交替排列着牙本质和牙釉质，形成了哺乳动物之外最为复杂的剪切和磨削齿系。

这头温和的巨兽能长到 9~12m，但在白垩纪，它绝不能算是真正的大型恐龙，而只能算是中等体形的恐龙。埃德蒙顿龙的前肢短而细长，后肢粗壮并有强健的三趾足，这些特征使它可以用两条后肢快速奔跑；但前肢也适合运动，具有钝的、蹄状的爪子。

1 在恐龙等不断生长牙齿的生物中，口中的牙齿可分为最上排正在使用、咀嚼或切碎食物的功能齿，以及生长在下排，在一定周期后或是功能齿损耗时递补而上的替换齿。——译者注

对页：

埃德蒙顿龙的头骨，前面有显著的“鸭嘴”，这是一块无牙的区域，用于抓取和撕裂植物；而后面的密集且大量的牙齿用于切碎植物。在“鸭嘴”区域的后面有着巨大鼻孔，在它活着的时候可能覆盖着松散的皮肤，所以它可以抽吸鼻子，发出哨声和嘟嘟声。

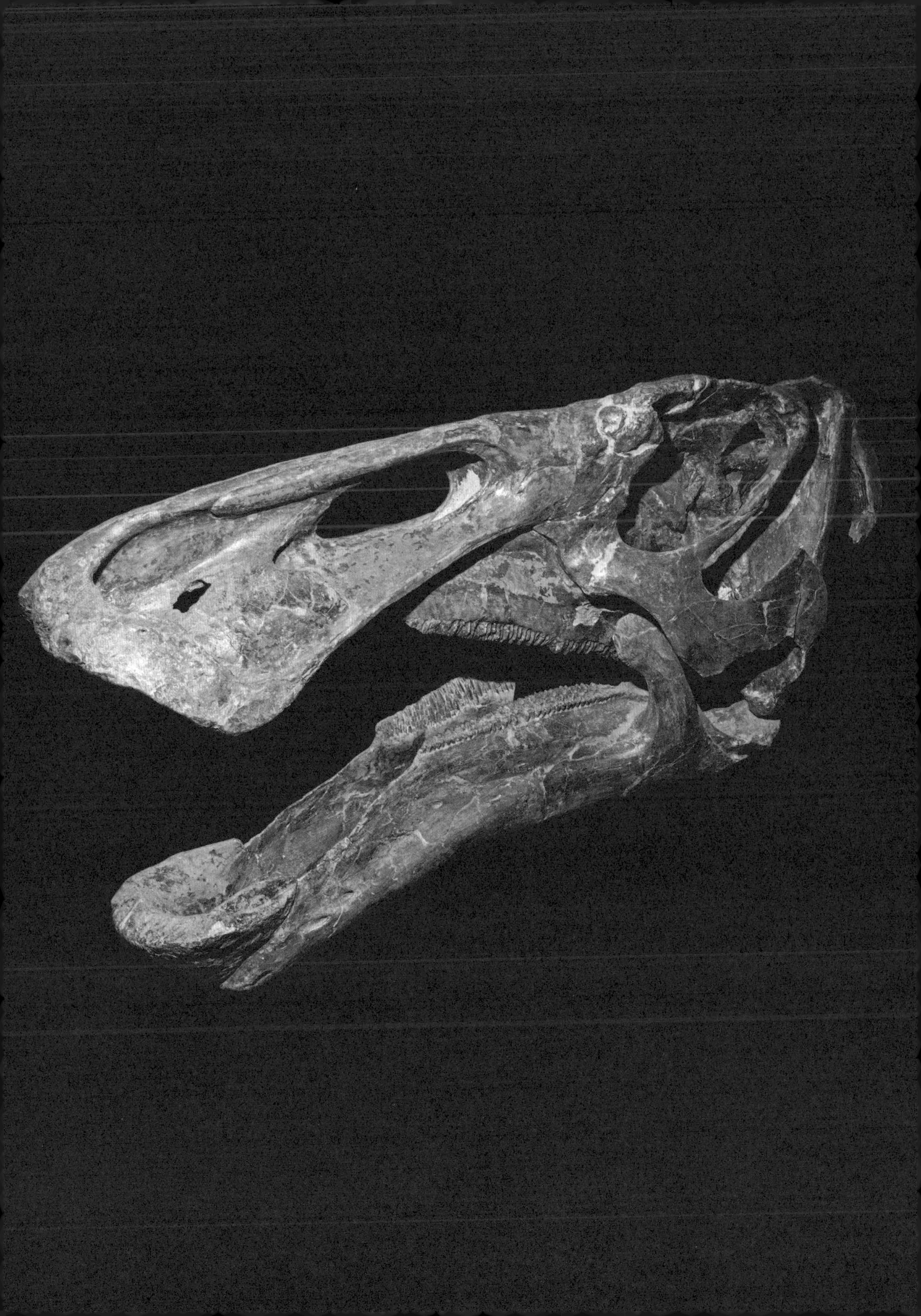

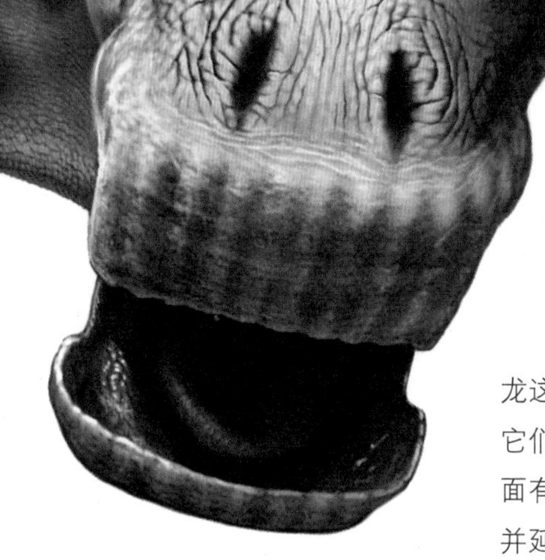

埃德蒙顿龙的嘴巴前部有一个坚硬的角质喙，而不是牙齿。这提供了一种特殊的剪切装置，像剪刀一样锋利，可以切断针叶树或蕨类植物的叶子，所以这种恐龙能以这些植物的叶子为食物。其鼻部隆起的功能尚不确定。

鸭嘴龙类的祖先体形较小，而且是真正的双足动物；但像埃德蒙顿龙这样体形巨大的鸭嘴龙类可重达 4t（与成年大象的体重差不多），当它们行走或靠近地面取食时，必须用前肢支撑体重。它的尾巴很大，上面有为后肢提供动力的主要肌肉。奔跑时，附着在股骨（大腿骨）后部并延伸到尾巴深处的股尾大肌会收缩并将腿向后拉。

我们对埃德蒙顿龙的皮肤也有很多了解。它的体表覆盖着两种类型的微小鳞片：直径约 1~3mm 的小卵石状鳞片，和直径不到 5mm 的多边形鳞片。小的多边形鳞片组成直径约 2~5cm 的簇，这些簇在喉咙、胸部和腹部纵向排列。后肢和前肢关节周围有小卵石状鳞片或多边形鳞片形成的皮肤褶皱。在背上，这些簇变得更大，簇宽为 5~10cm。前肢带有中等大小的多边形鳞片，每片宽约 1cm。背脊中间有一个长方形或三角形鳞片组成的顶脊，高约 5cm，形成规则的一排，就像中世纪城堡的锯齿状城垛。但埃德蒙顿龙没有羽毛。

恐龙木乃伊

我们是如何复原出这种灭绝已久的巨兽皮肤并且得知这么多细节的呢？事实上，我们掌握证据的时间已经长达 2 个世纪了，靠的就是恐龙木乃伊。这些木乃伊的骨骼体腔内的填充物是砂岩和泥岩，骨骼的外部有皮肤印痕。在某些非常罕见的例子中，个别鳞片的内部结构也得到了保留。这让博物馆在展示这些化石时需要做的清理工作变得非常困难，而在 19 世纪 90 年代和 20 世纪初发现的这些恐龙木乃伊中，技术人员在挖出骨头时，扔掉了木乃伊躯干的大部分，也扔掉了皮肤。

鸭嘴龙类以其巨大的牙齿数量而闻名——4 个颌部骨头都有多达 500 颗牙齿，总共有 2000 颗。之所以会出现如此庞大的牙齿数量，是因为颌部的牙齿的顶部有许多正在使用的功能齿——大约有 50 颗——每个功能齿下方都排列着五六颗新牙齿。它们在咬断坚韧的枝条和树叶时，磨损牙齿的速度非常惊人，但所幸牙齿是可以每周替换的。

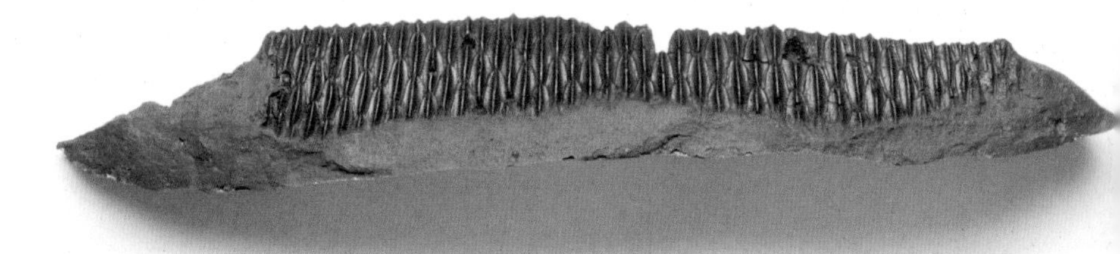

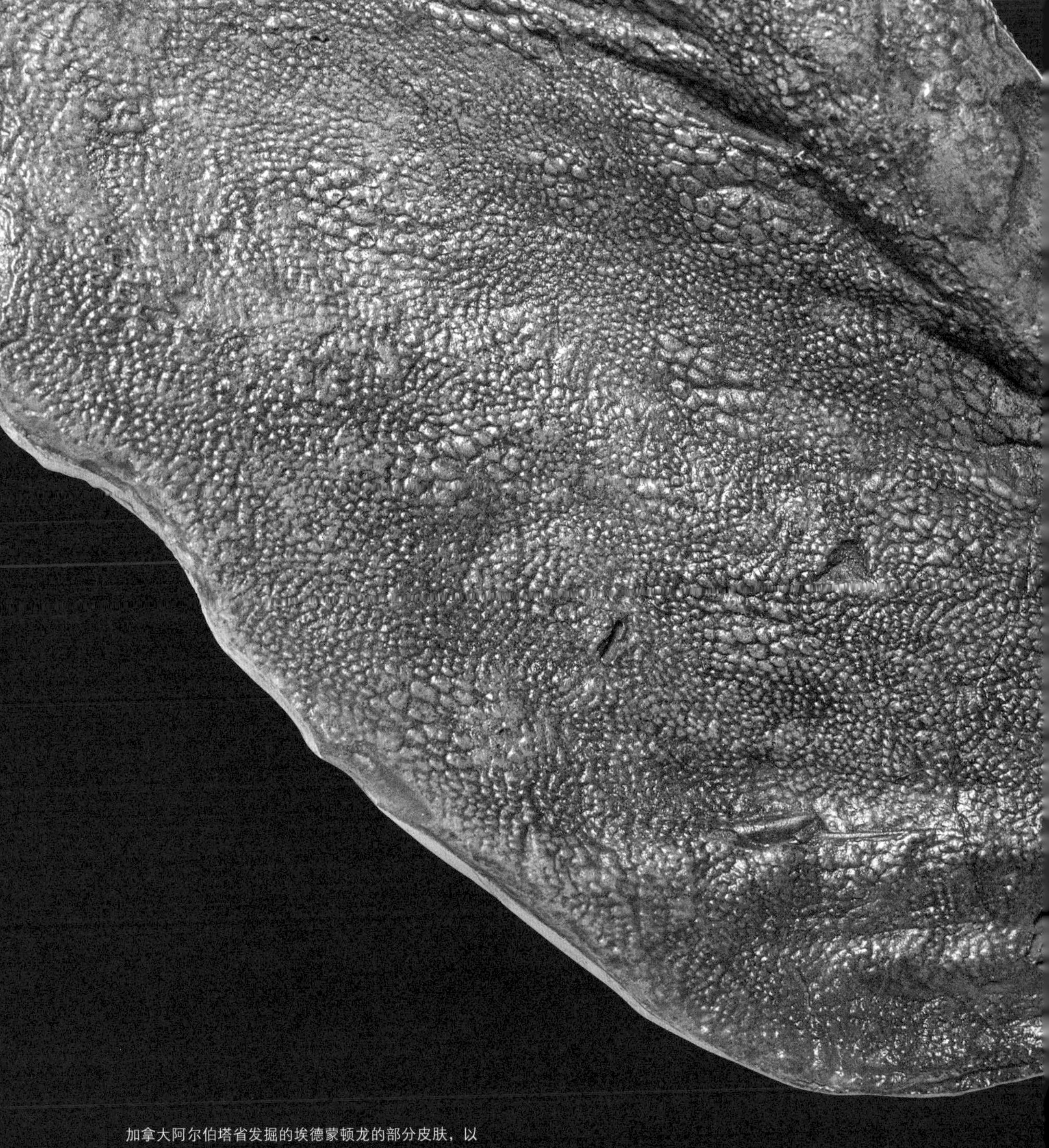

加拿大阿尔伯塔省发掘的埃德蒙顿龙的部分皮肤，以外模[2]的形式保存下来。有大小不等的鳞片，稍大的鳞片聚集成簇，较小的鳞片夹杂其中。

2　生物体死亡后，遗体外表特征的表皮及纹饰遗留在周围岩石之上，反映生物体外表形态及特征的化石形式，属于铸模化石的一种。——译者注

第一批埃德蒙顿龙木乃伊于1908年和1910年被从地层中挖掘出来，来自怀俄明州的地狱溪组，这套地层横跨美国4个州[3]。1908 年的标本现在是美国自然历史博物馆的藏品，它至今仍然是最好的标本之一。这件标本保存了身体所有部位的皮肤印痕，除了在采集前就已经被侵蚀掉的后肢和尾巴的部分。此后，研究人员还发现了更多这样的木乃伊及外皮碎片，其中一个特别引起媒体轰动的木乃伊于2007年被挖掘出来，被称为MRF-03。

这件标本是在北达科他州的地狱溪组发现的，由曼彻斯特大学的菲尔·曼宁和丹佛自然科学博物馆的泰勒·莱森研究。这项工作开辟了恐龙皮肤研究的新天地。较早的研究已经确定鸭嘴龙类木乃伊的骨骼外的“皮肤”仅仅是原本皮肤的印痕，不包含任何皮肤本身的残余物。然而，菲尔·曼宁的第一篇论文证明在某些地方，皮肤细胞在无机矿物的沉积物中留下了痕迹，而皮肤中的有机成分甚至某些结构也可以得以保留至今。

这些罕见的有机遗骸是怎么在这些地方保留至今的呢？发现这些标本的地方与发现有羽毛的恐龙的地方，发现有机遗骸的地方要么是一个有火山灰落下的湖泊，要么是一个平缓的环礁湖。事实上，发现鸭嘴龙类木乃伊的地点也有许多其他的恐龙化石，但这些化石只有骨骼，没有皮肤或任何其他软组织的痕迹。2007年的引起轰动的木乃伊标本的位置表明这只恐龙死后的尸体停留在河道旁边。它可能就死在这个发现地，也可能是尸体被洪水冲到下游并被移动在沙洲上的。但接下来的事情才至关重要。通常情况下，这样的尸体会被鳄鱼、蜥蜴和其他肉食性动物吃掉，尸体的肉和皮会被撕下。昆虫会以骨头上残留的肉为食，因此大约一周后，就只剩下骨头了。剩下的这些部分也会在昼夜温差变化和降雨的作用下分解，还有一些食腐者会咬碎骨头，最终尸体变成一团骨头碎片，消失在土壤中，化为乌有。

显然，北达科他州的埃德蒙顿龙标本MRF-03是被迅速埋葬的。它似乎是踏足了类似沼泽的富含水分的土壤，然后很快地陷下去导致死亡。周围土壤中的水分富含钙、还原性很强的铁离子和锰离子，因此随着尸体腐烂，碳酸根离子取代了浸泡其中的皮肤和肌肉的细胞。保存下来的皮肤厚度有3.5mm，研究人员可以在这种矿物混合物中发现单独的石化的细胞。

3　分别为蒙大拿州、北达科他州、南达科他州及怀俄明州。——译者注

来自阿尔伯塔省的一具经典的鸭嘴龙类恐龙木乃伊，现藏于纽约的美国自然历史博物馆。这个著名的标本于 1884 年被挖掘出来。它的发现者雅各布・沃特曼报告说这具骨架的外面包裹着天然形成的皮肤的印模，然而不幸的是骨架外包裹的部分在工人努力发掘时大都被丢弃了。挖掘化石的人通常采用的方法是固定骨骼并挖掘周围岩石，因此岩石上的骨架周围的印痕就被破坏了。尽管如此，在该标本的尾部区域仍有三块皮肤的印模。

角质恐龙和恐龙的头皮屑

曼宁和莱森的研究得出的主要结论是鸭嘴龙类恐龙的鳞片是由角质化的皮肤形成的，并且没有骨板。这个观点在毛里西奥·巴比、菲尔·贝尔等人的 2019 年的一项研究中得到证实，他们研究了在阿尔伯塔省发掘的一件疑似埃德蒙顿龙的标本。角质化皮肤是指暴露在空气中的角蛋白化的外层皮肤，我们之前提到过角蛋白（见本书 P50~P51），角蛋白也是羽毛和头发的成分。

皮肤保护身体，且从内向外生长。当你不小心擦伤皮肤时，外层表皮不会流血，这是因为皮肤在不断地生长和更换，外层的表皮会角质化，以起到保护作用。随着这层皮肤的磨损，会像薄片一样脱落，就像不断掉落的皮屑一样。但爬行动物不会长头皮屑。

在皮肤上长有羽毛或毛发的地方都会产生皮屑。为了使角质层脱落，它必须破碎成薄片，薄片的大小和羽毛之间的或毛发之间的平均间距相当。2018 年科克大学的玛丽亚・麦克纳马拉发表的论文首次讨论了恐龙的皮屑，并指出了内温动物和外温动物之间的显著差异。内温动物（俗称温血动物）如鸟类和哺乳动物会产生皮屑；而外温动物（俗称冷血动物）如鱼类和爬行动物则不会产生皮屑，相反，外温动物会将角质层大片脱落。任何爬行动物学家都知道蜥蜴和蛇可以完整地脱皮（虽然不是真正的整个皮肤——只是薄薄的角质化的外层）。

那篇 2018 年的论文引起了广泛关注。论文作者甚至在英国最畅销的报纸《太阳报》的第 3 页上刊登了一个插图，插图中画了一只看起来非常困扰的霸王龙抓着一瓶去头皮屑的洗发水的场景。当然，霸王龙短小的手臂根本无法碰到头部。

吹喇叭的恐龙

鸭嘴龙类会发出雁叫似的声音。虽然古生物学家对于这一点并不十分确定，但大致比较认同。证据是所有鸭嘴龙类都有扩张的鼻腔。在某些情况中，鼻孔会延伸到口鼻部的顶端，甚至延伸到头骨后方，形成一组头冠，有些形状像倒置的盘子，有些则像通气管。

在 20 世纪 80 年代，戴维·威显穆沛和他的同事一起制作了副栉龙（*Parasaurolophus*）的头骨模型。这种恐龙与埃德蒙顿龙生活于同一时期，但有更为极端的头冠。他们对恐龙鼻部的内部皮肤进行建模，然后对这个装置吹气。鸭嘴龙吸气时空气通过鼻子顶端的鼻孔，顺着鼻腔沿着喉咙向下流动；呼气时则相反。当有头冠时，空气通过头冠的蜿蜒通道上升，当气体通过不同长度和模式的鼻腔呼吸道时，发出不同的声音。威显穆沛发表文章称副栉龙发出的声音类似于克隆姆管，这是一种中世纪的管乐器，在德国特别出名，会发出强烈的嗡嗡声。

鸭嘴龙类恐龙会发出不同的嘟嘟或嗒嗒声。在某些情况下，声响的音调似乎随着身体大小而变化，因此幼年恐龙可能会发出颤音，成年恐龙会低鸣，甚至雄性和雌性的音调也可能不同。在晚白垩世，还有另外五六种鸭嘴龙类恐龙与埃德蒙顿龙群共同生活在阿尔伯塔省。当四处走动时，每种恐龙都用自己的音色发出轰鸣，埃德蒙顿龙则通过使鼻孔后面的皮肤膨胀来发出低沉的声音。

8

始祖兽

130—120

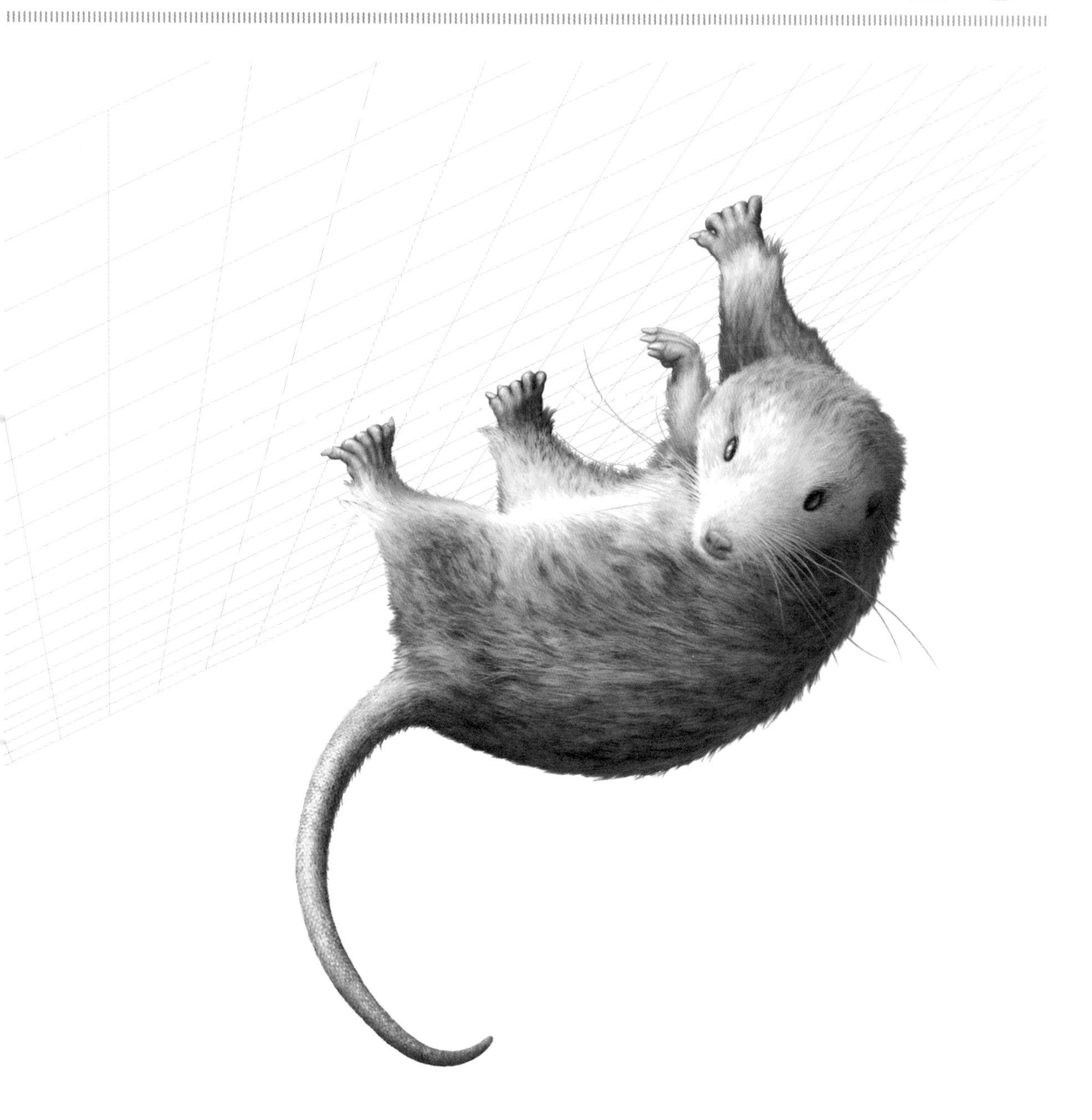

对页：
始祖兽的正模标本（CAGS 01-IG-1），整体骨骼保存完好，直到最后一个脚趾和手指都清晰可见。这只体长10cm的哺乳动物的后肢和脚踝、颌骨和牙齿上显示出现代有胎盘类哺乳动物的一些典型特征。身体周围的黑色雾状部分是肌肉和内脏器官的腐烂后产生的有机物，背部和身体周围的毛发的痕迹仍清晰可见。

最初的母亲

我们已经多次造访过中国东北，看到了早白垩世的中华龙鸟、尾羽龙、小盗龙和孔子鸟。当这些恐龙和早期的鸟类在树干上蹿下跳，从一处滑翔、飞翔到另一处时，其他动物都在注视着它们。这些恐龙和鸟类要密切留意那些瞬间就能扑过来杀死它们的掠食者。

地上有两只小型哺乳动物跳来跳去、发出吱吱的叫声。它们似乎在玩游戏。它们从对方身边冲过，跳到一根枯树枝上，然后摇荡到下面，用锋利的爪子抓住树皮的粗糙表面。

这两只小型哺乳动物是始祖兽（*Eomaia*），是今天所有哺乳动物的远祖。长长的四肢和手指表明这些小型哺乳动物擅于攀爬，就像松鼠一样拥有强有力的抓握能力，长爪可以深入树皮。它们会在树上四处奔跑以追捕昆虫。

迄今为止，人们只发现了一块始祖兽化石，但它的完整程度令人惊叹，它保存了四肢和颌骨等部位的所有细节，这不仅有助于我们复原其生活方式，还有助于我们了解哺乳动物演化的过程。始祖兽的学名*Eomaia*的含意是“最初的母亲”，代表这类生物是最古老的有胎盘的哺乳动物。我们人类属于哺乳动物中的有胎盘类，所以这件标本揭示了一些关于我们远古祖先的事情。

化石

始祖兽化石标本于2002年被首次公开。这种动物体长只有10cm，估计体重为20~25g，与沙鼠或老鼠的大小相当。化石标本头朝下，左臂和左腿伸直，露出了每一根骨头，包括纤细的手指和脚趾。

脊椎和胸腔清晰可见，尾巴的根部也是如此。尾巴的实际长度大约是化石中所见长度的2倍，但有一层薄薄的沉积物覆盖了它的末端。技术人员将这层薄薄的沉积物削掉以露出其四肢的边缘，并小心翼翼地去除背部周围的岩片以露出其皮毛。肋骨下方延伸到脊椎上的糊状深色层是由有机物质组成的，这些可能是这只可怜野兽的内脏和皮毛的残骸。毫毛的细节被保存为碳化的细丝及身体周围的印痕，虽然肉眼看不到，但在显微镜下却清晰可见。

这张始祖兽标本的图画突出了标本周围的毛皮，以及骨骼的所有细节。标本有尖锐的小牙齿，这些牙齿就像鼩鼱或刺猬的牙齿，非常适合咀嚼昆虫。

中国地质科学院的季强参与了对这块化石的研究。他和他的同事们发现了大量贴近身体的用于保温的底层毛，以及更长的护毛。护毛是动物毛皮中可见的毛发，用于保护较短的底层毛不被磨损。我们需要进行更多的研究来识别这些毛发中的黑素体并确定它们的颜色，但对小型哺乳动物颜色的大量研究表明，始祖兽身体的大部分区域很可能呈暗褐色至灰色，其尾巴上的毛发不多，而参考现代小型哺乳动物，始祖兽的尾巴可能是被粉红色的鳞片所覆盖，并分布着稀疏的须毛。

但是，如何才能准确地将始祖兽鉴定为有胎盘类哺乳动物呢？化石无法提供子宫存在的证据，甚至无法确定标本是雄性还是雌性。要回答这个问题，我们需要看看有胎盘类哺乳动物和有袋类哺乳动物之间的区别。

哺乳动物的繁殖方式

在 1800 年，生物学家认识到哺乳动物有两大类：有胎盘类和有袋类。这一认识让整个欧洲学派都非常震惊。欧洲人在澳大利亚见过有袋类动物，我们只能想象这些最早到达澳大利亚的探险家第一次看到袋鼠时的惊愕表情。1699 年，威廉·丹皮尔写道："我们在这里看到的陆地动物是浣熊的一种……因为它们的前腿很短，但是会来回跳跃（而它们也是好的肉食来源）。"要注意的是，绝大多数关于有袋类动物的早期报道是从烹饪的角度而非动物学研究的角度写的。

正是这个"袋子"将有袋类哺乳动物与有胎盘类哺乳动物两者区分开来。有袋类哺乳动物会生出未发育完全的胚胎，它们会爬行，但眼睛看不到东西，前肢的比例相当大。它们会从母亲的子宫颈向上进入育儿袋，然后通过育儿袋中的乳头来吸取乳汁，在育儿袋中发育成长。有胎盘类哺乳动物如人类、猫和牛则会让它们的幼崽在子宫内发育到更高级的阶段，通过胎盘喂养，因此是"有胎盘类"哺乳动物。

值得注意的是，现存的还有第三类哺乳动物。1799 年，当第一具鸭嘴兽尸体从澳大利亚运往欧洲时，英国动物学家乔治·肖表示"这种动物让人联想到用人工手段进行的一些欺骗性操作"——换句话说，就是将鸭嘴贴在海狸或巨型鼹鼠的身体上。但鸭嘴兽不寻常的鸭嘴并不是重点，鸭嘴兽的近亲针鼹的嘴巴看起来就更像尖鼻豪猪。真正奇特的是鸭嘴兽竟然是产卵的，这可能是从爬行动物祖先那里继承的原始特征。鸭嘴兽和针鼹是现生的单孔类动物，意思是"只有单一孔洞的动物"。之所以这么称呼是因为其泌尿道、排便道和生殖道仅通过一个开口——泄殖腔连接在一起。

次页：
当第一批鸭嘴兽的皮和骨骼到达欧洲时，它们被视为可怕的"人造物"。这是 1799 年首次出版的插图，弗雷德里克·诺德根据乔治·肖的《博物学家的杂记：自然物体的彩色图形》第 10 卷中的插图重新绘制。这表明有少部分哺乳动物仍在产卵，对只熟悉北半球哺乳动物的博物学家们而言，这个事实非常令人震惊。

385, Pub,d by F P Nodder June 1799,

最古老的哺乳动物

在确定了这三种现存的哺乳动物并确定产卵的单孔类动物可能是最原始的类群之后，寻找化石的工作就开始了。第一个例子让威廉・巴克兰感到震惊，他是牛津大学基督教会学院院长和地质学教授。到 1820 年，巴克兰已经作为一个伟大的自然主义者和“怪咖”而闻名。他研究了约克郡和英格兰南部的骨洞和早期的人类骨骼。

1824 年，巴克兰研究并命名了第一种恐龙，即中侏罗世的斑龙（*Megalosaurus*），这种恐龙的化石被发现于牛津附近。在恐龙化石周边还发现了一些小颌骨，当时人们认为它们是有袋类动物的小颌骨。这两项发现都令人惊叹，但后来这些小颌骨被鉴定为一种名叫“双兽（*Amphitherium*）”的哺乳动物的微小颌部，这才是最令人吃惊的。

在 19 世纪，地质学家将生命史分为 3 个主要阶段，分别称为第一纪、第二纪和第三纪。第一纪的岩石包含最古老的生命形式，这些古老的生物看起来与现在的生物都不太一样，对于脊椎动物来说，那是“鱼类时代”。第二纪——我们现在称之为中生代——是“爬行动物时代”，因为在许多不同地方发现了海洋爬行动物、大型鳄鱼及其他未知爬行动物的骨头。第三纪则是“哺乳动物时代”，来自巴黎盆地和德国的精美化石证明了这一点。因此，在中生代遗骸中发现哺乳动物，打破了从鱼类到爬行动物再到哺乳动物这个随时间演变的总体构想。

对页：
地球上最早的哺乳动物之一，来自南非早侏罗世的大带齿兽（*Megazostrodon*），距今约 1.9 亿年。图中显示的是从下方看到的躯干区域及右后肢和足部。大带齿兽被认为是一种和老鼠差不多大、以昆虫为食的夜行性哺乳动物，但几乎可以肯定它会下蛋。

在接下来的一个世纪里，先是欧洲其他地区然后是北美洲，从这些地方的侏罗系和白垩系地层中发掘出来的哺乳动物化石被相继报道——尽管很罕见。1929 年，古生物学家乔治·盖洛德·辛普森回顾了关于这些早期哺乳动物的所有已知信息，并查看了来自世界各地许多博物馆的微小的珍稀标本后，他评论说这些标本都能轻易塞进他的帽子。他的评论说明了中生代哺乳动物化石非常稀少的事实。

在 20 世纪 90 年代，情况并没有太多改观，尽管在世界上有些地区有了新的发现，比如南美洲和澳大利亚，甚至也报道了一些可能生存于晚三叠世的哺乳动物化石。事实上，现代哺乳动物群体似乎主要来自中生代以后。虽然侏罗纪和白垩纪存在各种古老的哺乳动物，但它们不能归入现代三大类群中的任何一个；相反，这些现代类群应该是在恐龙灭绝后演变而来的。

当恐龙在 6600 万年前因为巨大的小行星撞击地球而灭绝后，哺乳动物“接手”了地球，而且演化速度非常快。现代的单孔类哺乳动物、有袋类哺乳动物和有胎盘类哺乳动物都是在那个时候出现的，它们占据了恐龙腾出的生态空间。

辩论和争吵

这种被奉为圭臬的基本演化年代顺序在 20 世纪 80 年代受到了正面挑战。虽然古生物学家认为中生代哺乳动物化石过于稀少，但新一代科学家却认为他们基本上不用化石就可以证明演化年代顺序。分子生物学家们意识到他们可以对植物和动物的蛋白质及 DNA 进行测序，并根据基因序列之间累积的差异或共享突变的数量来研究生物之间的亲缘关系。通过这种研究方法，他们可以追溯物种的远古起源。

这些新研究的第一拨推论将哺乳动物主要群体的起源时间推到晚侏罗世和早白垩世的某个时间点，这个时间点到今天的距离是最古老的哺乳动物化石距今时间的 2 倍。实际上，这些推论是现存哺乳动物群体的起源时间，如猴子、牛和猫。我记得当时很多人被如此荒谬的推论激怒了——这个推论意味着猫、牛和猴子曾经与剑龙、鹦鹉嘴龙等恐龙并存！使用两种研究方法的科学家都发表了观点尖锐的文章和评论，并在科学会议上争论不休：古生物学家声称化石证据肯定是正确的；基因测序学者则声称，分子从不说谎。

事实证明，分子测年的结果部分正确、部分错误；古生物学家也部分正确、部分错误。目前的共识是，在6600万年前恐龙灭绝后，现代哺乳动物群体数量确实发生了爆炸式增长，那是第一批猴子、牛和猫出现的时候。然而，从侏罗纪开始，原始的有胎盘类哺乳动物和有袋类哺乳动物就已经有一段漫长的、出人意料的历史，不过除晚白垩世有些极具争议的奇怪牙齿和颌骨外，现在几乎完全没有发现那段历史中的哺乳动物化石。

与从中华龙鸟最开始的有羽毛恐龙的首次报道一样，在中国的晚侏罗系和早白垩系中发现的哺乳动物化石也同样震惊了科学界。在1997—2000年，三件哺乳动物化石标本被研究发表，而最令人惊讶的是，这些标本保存了完整骨骼——而不像乔治·辛普森能塞到帽子里的那些零碎的微小下颌骨。这些来自中国的哺乳动物化石属于已灭绝的哺乳动物类群，并不属于有胎盘类哺乳动物、有袋类哺乳动物或单孔类哺乳动物中的任何一支。它们很漂亮、很完整，并且提供了无数的新信息——甚至显示出皮毛的痕迹——但它们并没有打破现生哺乳动物类群不起源于中生代的年代假设。

直到报道发现了始祖兽的化石。

始祖兽的存在非常隐秘。就算我们回到白垩纪，也可能找不到这个小毛球。它在夜间捕猎，并依靠其无声的动作来躲避当时栖息在树上的大量鸟类和兽脚类恐龙的捕食。尽管它是产卵的，它也是最早的有胎盘类哺乳动物之一。因此它是我们哺乳动物王朝的创始人，名副其实的“最初的母亲”。

对页：
袋鼠是澳大利亚特有的有袋类哺乳动物。实际上，这种动物在演化上是非常成功的，它们采用一种与其他哺乳动物完全不同的跳跃运动方式。这张袋鼠妈妈和小袋鼠乔伊的图片表明，有袋类哺乳动物在断绝祖先的产卵习惯后，演化为直接生下幼崽。但新生的幼崽在出生时发育极不完全，因此袋鼠妈妈要将孩子拖入育儿袋中，孩子在育儿袋中继续发育。这张图片同时表明，幼年袋鼠可能具有软骨功大师一样的灵活性。

始祖兽的归类

虽然被归类在哺乳动物的有胎盘类，但始祖兽可能有更原始的生殖系统。它的髋骨很窄，并在骨盆前部有一对突出的小骨头，称为上耻骨。在有袋类哺乳动物中，上耻骨有助于支撑育儿袋，那么始祖兽是否也有育儿袋并会生下尚未发育完全的胚胎呢？这是极有可能的。

这似乎是一个有力的证明始祖兽并不是有胎盘类的论据；但始祖兽还有其他现生的有胎盘类哺乳动物所特有的特征，特别是其脚踝和下颌的某些特征。始祖兽比所有现生的有胎盘类哺乳动物都更加原始，例如脚踝缺乏进一步的演化特征，以及具有原始的齿式[1]。现生的有胎盘类哺乳动物口中每侧有 3 颗或更少的门牙（人类有 2 颗），但始祖兽有 5 颗上门牙和 4 颗下门牙。换句话说，它保留了相当多的原始特征，这些特征在早期有袋类哺乳动物或者不属于任何现代类群的中生代哺乳动物中也能看到。

有两点需要说明。第一点，所有早期的哺乳动物似乎要么像现代单孔类哺乳动物那样产卵，要么就有育儿袋（基于上耻骨的证据推测）。在早期有胎盘类哺乳动物中保留了这些祖先类群的特征是很正常的，因为演化不是一蹴而就的。正如第一批鸟类保留了祖先恐龙的牙齿和长长的尾椎骨一样，第一批有胎盘类哺乳动物的生育方式也很可能仍然是产卵或在育儿袋中生下需要进一步发育的胎儿。第二点是关于语义的——也许我们不应该称有胎盘类哺乳动物为“有胎盘类”，因为它们并不都有胎盘。但这个名字由来已久，我们不能阻止人们使用这个术语，尤其它至少还适用于所有现存的生物形式。通过化石我们知道，胎盘可能出现得较晚，大约出现在晚白垩世，而当时的早期的有胎盘类哺乳动物还保留着其祖先的繁殖系统。

自 2002 年始祖兽的化石被发现以来，另一种更古老的有胎盘类哺乳动物侏罗兽（*Juramaia*）化石标本也随之被发现。侏罗兽也来自中国，生存年代大约是中晚侏罗世，距今约 1.64 亿年前。它保存下来的东西较小，毛发的证据也很少，但化石证据表明了现代哺乳动物的三大类群至少都有 1 亿年的独立演化史。这些小型的攀爬动物隐忍着低调求生，在树木中寻找昆虫为食，直到 6600 万年前，随着恐龙的消失，它们才有机会分化为我们现在所熟知的类群。

1　哺乳动物的牙齿根据功能、形态可以分为门齿、犬齿、前臼齿和臼齿，而这 4 种牙齿在口中一侧的数量就被称为齿式，如人类上、下颌的齿式都是 2-1-2-3，而第三颗臼齿就是所谓的“智齿”。——译者注

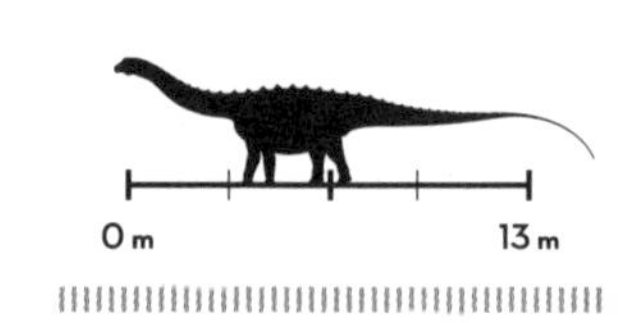

萨尔塔龙

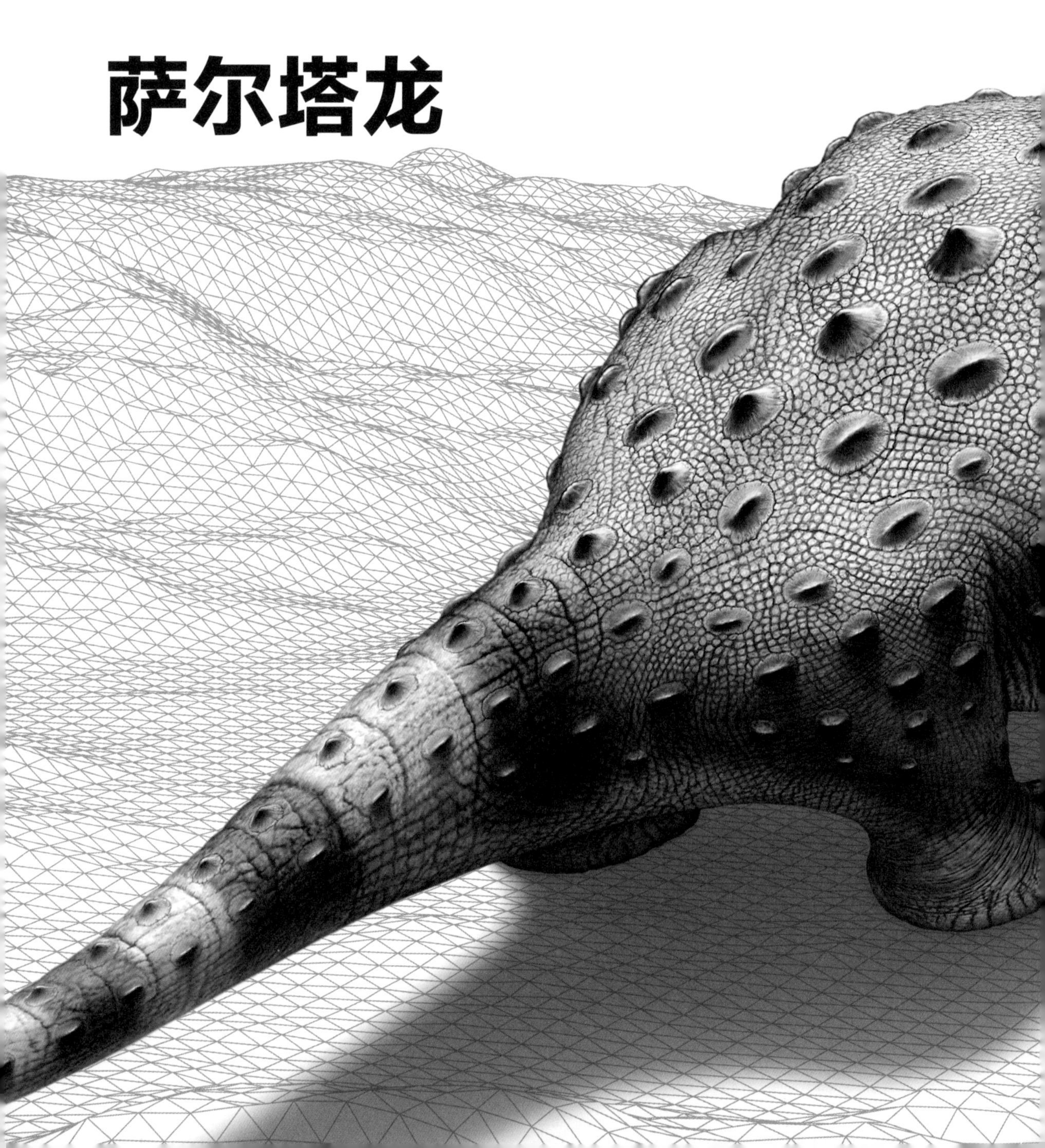

晚白垩世 7200万—6600万年前

72—66

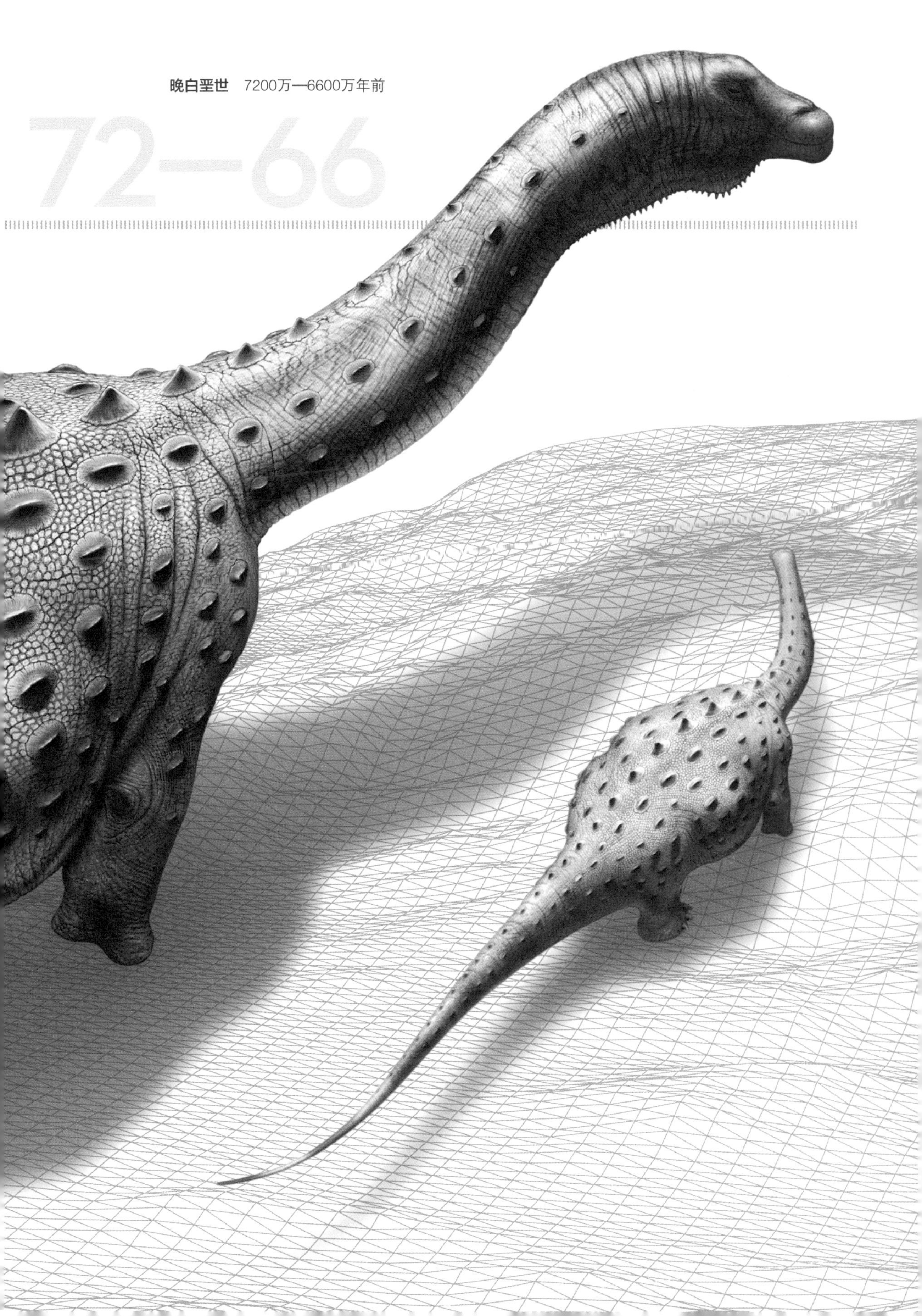

武装怪物

智利南洋杉（*Araucaria araucana*）球果的横切面。这块化石来自阿根廷的侏罗系地层，表明了球果是由数百颗种子所组成的，这些种子在球果落下后可以大面积散播，也可能会被吃掉，然后随动物粪便散播到各处。

我们这次回到大约 7000 万年前的晚白垩世，地点大概在现在的阿根廷，不过稍靠北。山脉耸立在宜居的平原之上，湍急的河流从上游运来沙土。在干旱的夏季，沙丘遍布整个平原，恐龙生活范围缩小到河流和水池周围较潮湿的地区，那里有低矮的灌木丛，还有大量的针叶树，如智利南洋杉、蕨类和种子蕨等植物，以及新的开花植物，如木兰、玫瑰和藤蔓。

一群长腿、肉食性的西北阿根廷龙（*Noasaurus*）飞驰而过；还有一小群反鸟（*Enantiornis*），大小接近火鸡，正停在地上啄食种子。它们一边啄食，一边四处张望，突然全都抬起头，犹如惊弓之鸟，但却什么也没看见。树叶在灌木丛中哗哗作响，尘土飞扬，有什么东西就要来了。

一对萨尔塔龙（*Saltasaurus*）母女踏着巨大的脚步从小丘后面出现，鸟儿四散开来，但鸟儿并不害怕萨尔塔龙。萨尔塔龙是植食性动物，它们一直在迁徙，因为在这片干燥、植被稀少的环境中，它们每天要寻找约 100kg 的植物作为食物。

成年萨尔塔龙的身长有 12.8m，重约 7t。它女儿的身长是它的 1/3，但体重只有它的 1/10。它们用长长的下颌咬住整丛灌木和树木，把树枝剥光。在它们长长的口鼻部，上下颌的牙齿以 45° 角伸向前方，使它们能够咬住一把叶子，就像我们用拇指和食指抓东西一样。它们维持口部咬合的姿势，并将强壮的头部往后拉。当它们的头远离树木时，牙齿就像耙子一样，将叶子从树枝上整齐地剥下，完全不咀嚼，囫囵吞下叶子。

一只高高栖息在树上的反鸟从上方注视着这对萨尔塔龙。萨尔塔龙的背部犹如镶嵌了许多铆钉的皮革，特别引人注目。巨大的骨质的铆钉从前到后整齐排列，在这些凸起间是许多较小的互锁骨板。这只反鸟从树上落下来，笨拙地落在萨尔塔龙妈妈的背上。

萨尔塔龙妈妈继续前进，完全没有意识到它的背上多了一名乘客。反鸟在它的背上四处啄食，寻找在骨板之间的种子和昆虫，它从萨尔塔龙小骨板柔软皮肤的缝隙间拔出一只虱子，萨尔塔龙发出一声低鸣，

对页：
智利和巴西南部的现代南洋杉森林还原了大约 7000 万年前南美洲的景象。智利南洋杉也出现在澳大利亚、新几内亚和新喀里多尼亚，这证明了这种树长期生存在南半球。

萨尔塔龙皮内成骨（嵌入皮肤的骨板）的3个视图。在俯视图①中，可以看到中央隆起和辐射状的纹饰。边缘描绘出一个六边形。在骨皮的侧视图②③中可以清楚地看到中央隆起，这是皮内成骨有类似盔甲功能的证据。覆盖全身的骨质锁子甲让捕食者很难穿透皮肤，它可能会折断捕食者的牙齿或爪子。

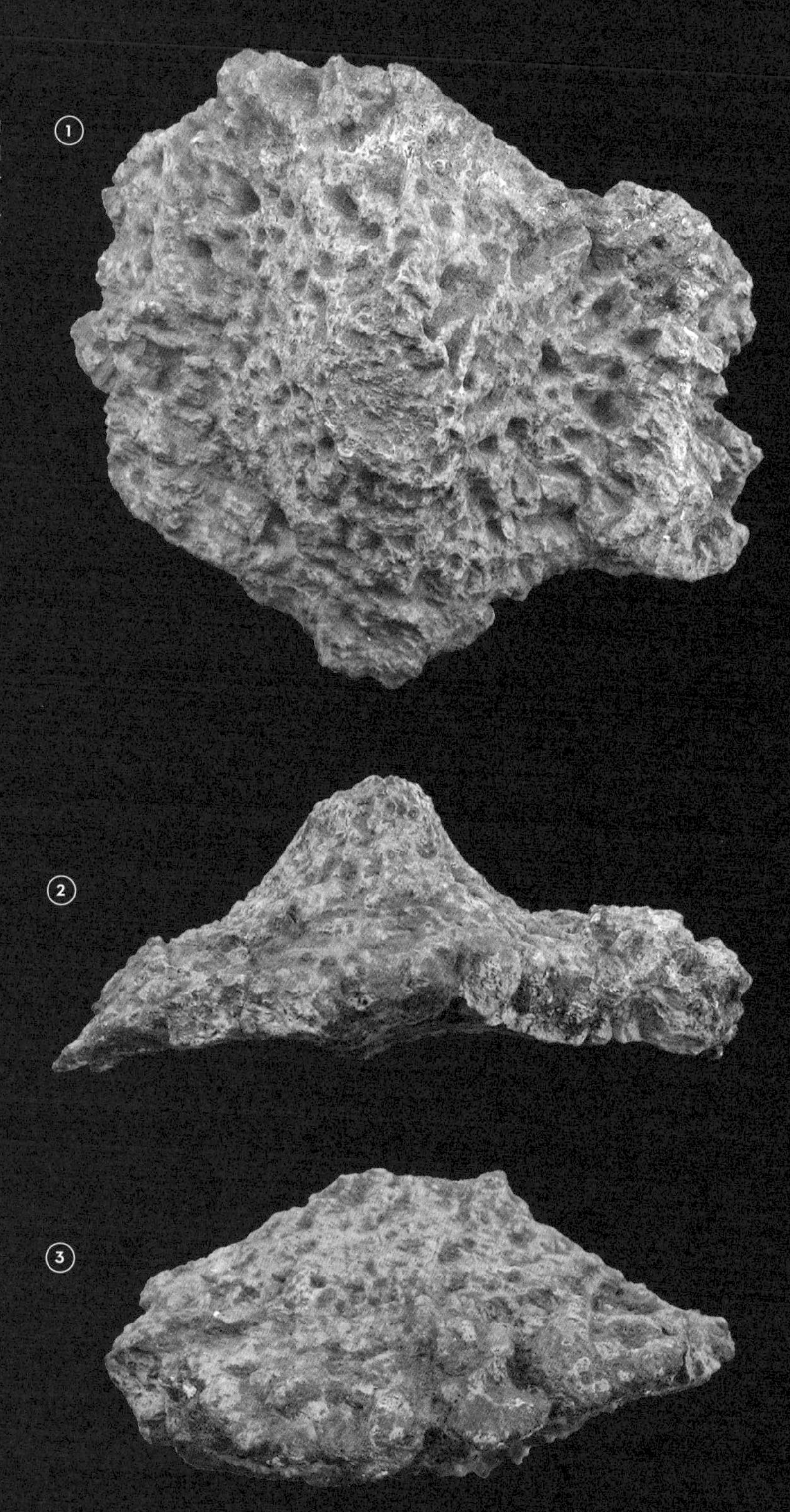

可能是表达舒适的感觉。萨尔塔龙无法阻止虱子等寄生虫爬到身上，因此学会了忍受这种痛苦。它对这些寄生虫唯一的防御措施是在沙子或泥地中打滚，但这非常费劲，而且它可能会被困在泥地中，也可能无法稳住自己，摔倒在河里，而后只能狼狈地爬上河岸。但它的女儿没有这样的顾虑，总是在池塘和泥坑里翻来滚去。

第一只有装甲的巨型恐龙

目前没有发现完整的萨尔塔龙骨架。1980 年，著名的阿根廷古生物学家荷塞・波拿巴和海梅・鲍威尔研究并命名了该物种的原始标本。该标本主要为恐龙臀部化石，从阿根廷西北部的莱乔组被挖掘出来。同时他们也发现了许多其他零碎的骨头和装甲骨板。最终，波拿巴和鲍威尔选择了护甲（*loricatus*）作为种名，意思是“受到小装甲板的保护”[1]。

到 1992 年，经过更多次的发掘，鲍威尔已经可以从遗骸中辨认出 5 个萨尔塔龙个体，其中包括几个头骨和大部分骨骼的骨头。尽管如此，依然没有一只完整的萨尔塔龙，因此鲍威尔研究了其他泰坦巨龙类以详细了解这种恐龙。泰坦巨龙类是一类分布于世界大部分地区的巨型蜥脚类恐龙（大型植食类动物），尤其是在晚白垩世的南美洲、非洲、印度和中国。

与蜥脚类恐龙相比，萨尔塔龙很小，且脖子和尾巴都很短，但体腔非常宽。最初发现的臀部化石表明，这是所有泰坦巨龙类共有的特征——躯干宽大于高，前肢和后肢的左右侧间距非常大。实际上，大多数其他蜥脚类恐龙的臀部很窄，行走时留下的脚印相对靠近其运动方向的中线；但泰坦巨龙类的双脚一踱步就有几米远，留下了两个看起来分开的脚印，一个是左脚脚印，一个是右脚脚印。

至于这类恐龙的食物，印度的泰坦巨龙类粪便化石中有来自苏铁和针叶树等多种植物的碎片及孢粉粒，正如科学家所预料的那样。对粪便化石的研究表明印度的泰坦巨龙类也吃过棕榈树和草，因此这类恐龙也会以中白垩世出现的一些新型开花植物为食。尽管今天的开花植物很

---

1 萨尔塔龙的模式种学名为 *Saltasaurus loricatus*，中文名为护甲萨尔塔龙。——译者注

多，但这些植物在白垩纪时期的数量非常稀少，而且其他证据表明它们并没有成为恐龙重要的食物来源。不过这仍需要更多的粪便化石来判断。

装甲骨板则完全让人出乎意料。鲍威尔说，1980 年找到的皮内成骨是蜥脚类恐龙中的首例。后来在世界其他地方的泰坦巨龙类化石中也发现有这些结构。鲍威尔在化石中区分了装甲骨板和所谓的“皮内小骨（intradermal ossicles）”。装甲骨板的直径约 12cm——大约是人类手掌的大小——整体呈点状分布，在中线上排成一列，底部为圆形，耸起形成尖端，在中线两侧为椭圆形，中间有脊。相比之下，皮内小骨的直径则只有 7mm 左右，比你无名指上的指甲还小，而且它们的形状大致为圆形。皮内小骨生长在皮肤的外层，每个皮内小骨都被一小块坚韧但有弹性的皮肤与相邻的皮内小骨隔开。

较大的装甲骨板可以防御掠食者的攻击，而装甲骨板之间的较小的皮内小骨则形成了完美的锁子甲，让任何恐龙都无法咬穿，但容易受到恼人的寄生虫攻击。萨尔塔龙很可能就像现代鲸鱼一样，必须忍受各种讨厌的皮肤寄生虫的折磨；蜥脚类恐龙则要与以它们血液为食的虱子、跳蚤和牛虻做斗争。恐龙无法靠自己摆脱这些恼人的寄生虫，因此要依靠鸟类或翼龙从身上抓走这些营养丰富、饱食恐龙血液的节肢动物。

萨尔塔龙的“锁子甲”：小骨板的厚度近 1cm，它们紧贴在较大的隆起周围，这些隆起的顶端是覆盖着角蛋白外鞘的棘刺。如果大型捕食者试图攻破这层盔甲，它们就会受伤；然而一些较小的寄生虫则可以挤进缝隙中。

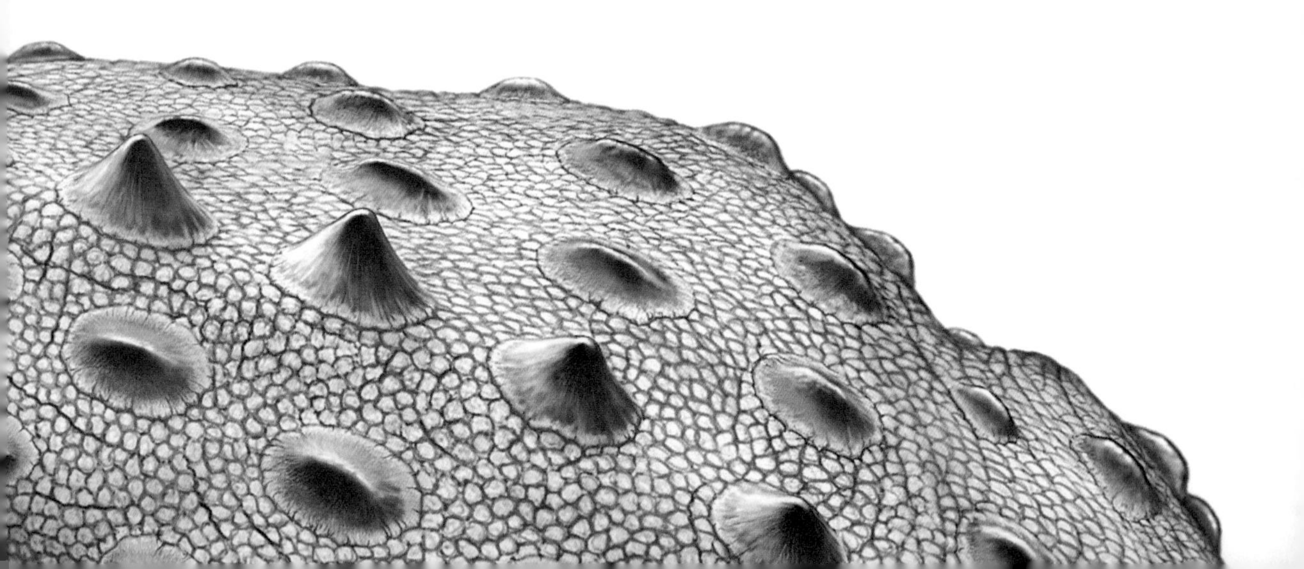

一个较小的装甲骨板的显微横截面，类似胶合板[2]结构的垂直和水平纤维束在这张增强的荧光图像中以橙色和蓝色显示。交叉的纤维束意味着无论受到来自哪个方向的攻击，这种骨骼结构都很难被破坏。

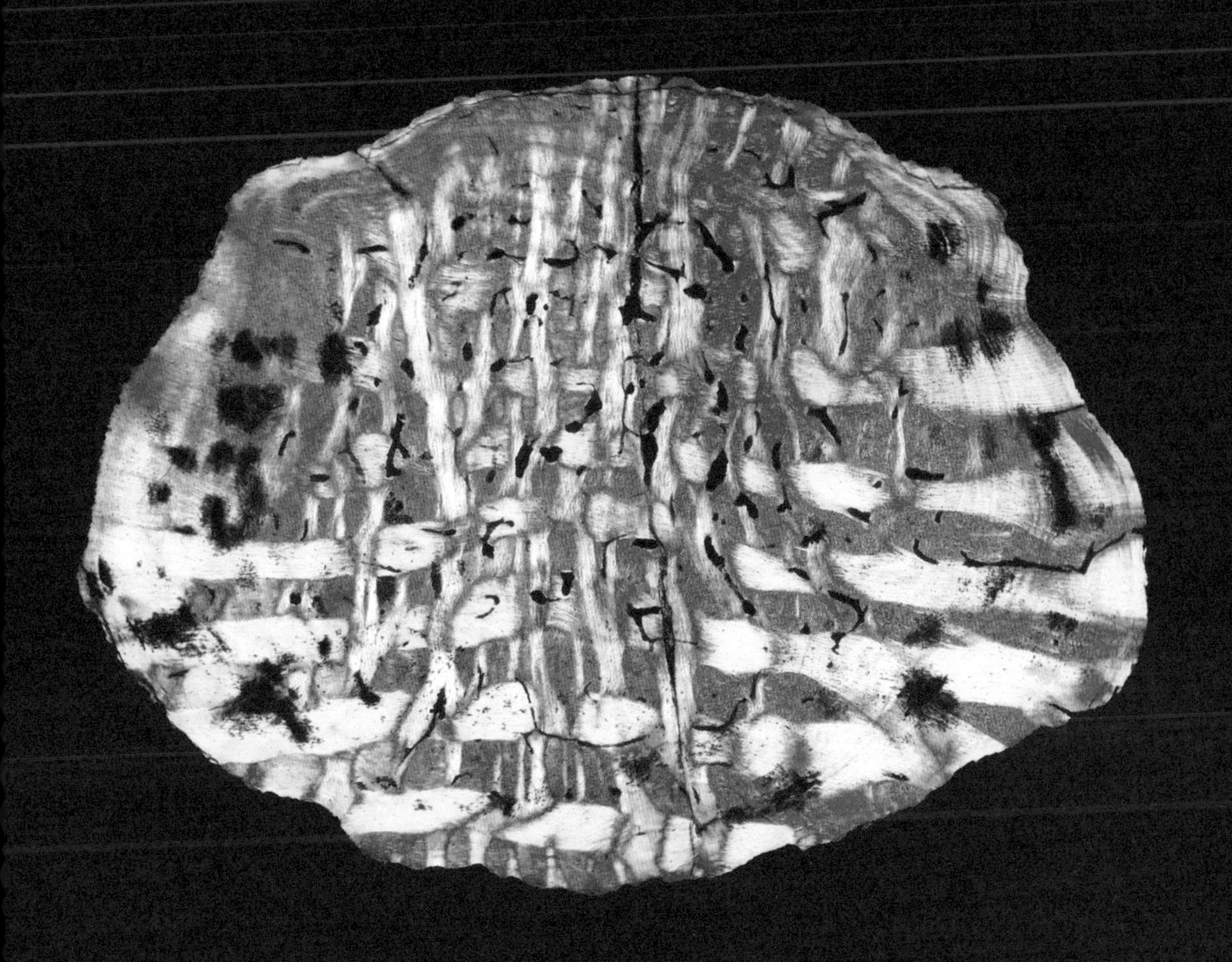

2 指将薄木板相互叠合粘贴所制成的木板，由于纹理方向不同，因此即便受压也不会轻易断裂。——译者注

前页：阿根廷奥卡·马胡埃沃地区的蛋壳碎片。图中展示了两颗蛋的大致呈圆形的蛋壳碎片边缘，它们被沙子覆盖后重新发掘时已经破碎，这部分也是因为该地点最近发生了侵蚀风化。蛋壳的外表面有凹痕。

蛋窝成群

目前没有发现过萨尔塔龙的巢穴或蛋，但阿根廷的一个名为奥卡·马胡埃沃的地方提供了其他泰坦巨龙类会产蛋的丰富证据。该化石点由其发现者刘易斯·恰佩和罗威尔·丁格斯取了个绝佳的名字——“mas huevos”，在西班牙语中含义为“再来更多的蛋”。

这里还有更多的恐龙蛋。恰佩和丁格斯在此发现了数百个巢穴，每个巢穴都有大约 25 个蛋。他们认为这是一个受恐龙青睐的筑巢地，泰坦巨龙妈妈每年都会回来产卵。它们在沙子里挖出沟槽状的空洞，把恐龙蛋放进去，然后用泥土和沙子将它们埋起来，以提供部分保护。

这些蛋是球形的，且很小，直径只有 13~15cm——大约是一个大鹅蛋的大小——所以产下它们的泰坦巨龙也可能不大。在大多数情况下，巢穴要么是空的，要么只包含破碎的蛋壳——婴儿显然已经孵化出来了。

然而最出乎意料的是，一些蛋中含有微小胚胎的残骸，包括它们的皮肤碎片。甚至可以看到在这些胚胎孵化出来之前，皮肤上就已经有装甲骨板了，外观像微小的骨头珠子，每个宽度只有 0.1~0.5mm。这些胚胎的皮肤的痕迹显示了小型骨板的各种排列模式——有平行成列的、玫瑰瓣状的及花朵状的。

小型骨板排列形成的图案相当漂亮，也提供了一些关于装甲骨板的发育模式的线索，表明它们会与覆盖身体的鳞片形成的图案相互对应。在现代鳄鱼和蜥蜴中，可以看到鳞片和骨板之间的这种关系，而这种关系可能是由基因决定的。

萨尔塔龙蛋壳[3]在显微镜下的细节。蛋壳碎片的内侧凹面①，上面众多的乳状凸起构成乳突层（mammillae）。图像左侧的裂缝边缘有许多孔隙贯穿其中。这些乳突和毛孔相互连接并起到气体交换的作用（胚胎必须吸收氧气并排放二氧化碳），且也在一定程度上起到保护作用。蛋壳的外表面②显示出其粗糙的保护纹理。

①

②

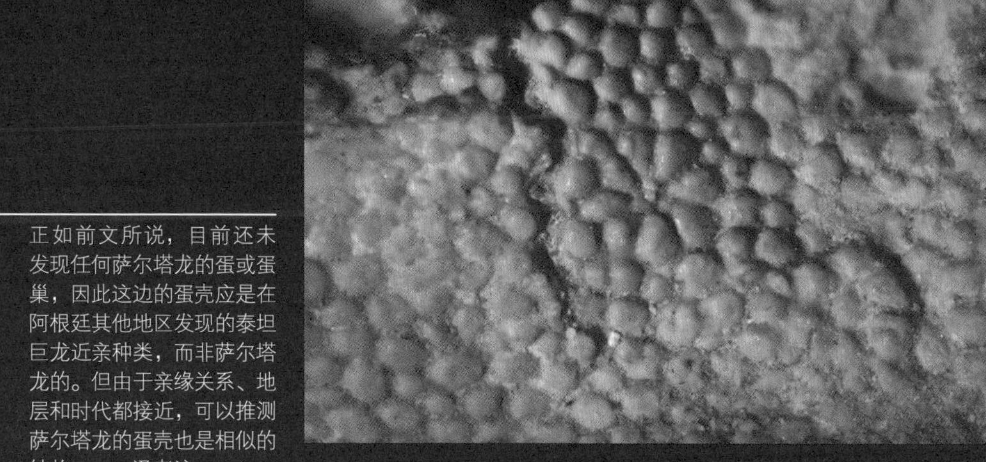

3 正如前文所说，目前还未发现任何萨尔塔龙的蛋或蛋巢，因此这边的蛋壳应是在阿根廷其他地区发现的泰坦巨龙近亲种类，而非萨尔塔龙的。但由于亲缘关系、地层和时代都接近，可以推测萨尔塔龙的蛋壳也是相似的结构。——译者注

难以置信的生物

长期以来，古生物学家一直想知道萨尔塔龙和其他蜥脚类恐龙为什么能生长到如此巨大。尽管萨尔塔龙的体重可能不会超过 10t，但仍然是一头非洲公象体重的 2 倍；而有些蜥脚类恐龙的身长甚至可以达到 30m，重达 50t。陆地动物究竟如何达到并维持如此庞大的体形的呢？

我们可以假想这些恐龙居住在一个截然不同的世界，那个世界具有与如今世界不同的物理性质。也许当时地球的地心引力较弱；或者这些庞然大物有一半的时间漂浮在水中。但这些猜测中没有任何一个能找到证据。事实上，地球在侏罗纪时期和现代是一样大的，所以它的地心引力肯定也是一样的；而蜥脚类恐龙的化石足迹表明它们是在陆地上行走，而不是漂浮在深水池塘和海洋中的。

当时和现代主要区别是当时的全球都是炎热带或温带，没有极地冰盖。这意味着恐龙几乎可以在任何地方生存，夏季炎热、冬季温和，这就是它们能生存的关键因素。温暖的环境可以为蜥脚类恐龙和其他大型恐龙维持体温，这让它们不需耗费太多食物成本。

哺乳动物和鸟类要将大部分能量用于维持体温的恒定。要做到这一点，它们的食量通常是相同体重的外温动物（如蜥蜴或鳄鱼）的 10 倍左右。换句话说，哺乳动物和鸟类吃的食物有 9/10 是被内部的“熔炉”所烧掉，从而保持了较高的恒定的体温，摄入的能量只有 1/10 用于维持其他身体机能和运动。因此，一只体重为 50t 的蜥脚类恐龙可以消耗与一头体重为 5t 的大象所消耗的同样的能量就能存活下来。

萨尔塔龙的尾巴直到末端都带有盔甲。萨尔塔龙的尾巴有什么作用？它的尾巴不是用来平衡的，不像两足动物要挥动尾巴以防止自己摔个鼻青脸肿。萨尔塔龙的尾巴的作用可能是像牛尾巴一样，四处挥舞以驱赶昆虫；不过也有一半的尾巴上有控制腿部运动的肌肉。

位于阿根廷的巢穴也提供了一些关于蜥脚类恐龙演化的线索。有胎盘类哺乳动物要怀着它们的幼崽到较晚期的发育阶段，即便在幼崽出生后，其父母也可能要花费大量的精力和时间来喂养和教育它们。一头雌象会怀孕近两年，且分娩过程可能很危险，而新生的幼象仍需要数年的持续抚养，然后才能够靠自己独立生存。

蜥脚类恐龙妈妈则通常产下 10~20 个蛋后就离开，就像它们在阿根廷奥卡・马胡埃沃这个地方所做的那样。恐龙蛋很少比足球或橄榄球大，因此下蛋对于妈妈而言并不费力，新出生的恐龙通常被留下来自生自灭。即使它们中的大多数死亡了，该物种仍有一定数量在世代交替中存活下来。恐龙可能比大象愚蠢，但正所谓“无知是福”——运用这个以量取胜的节能策略，最终结果和大象是一样的。

萨尔塔龙体形庞大，正如这个比例图所示。但它绝不是最大的蜥脚类恐龙——其中一些恐龙身长可达 30m，甚至可能重达 50t。就像今天的大象一样，蜥脚类恐龙的体形很大，因此或多或少能免于被捕食。不过萨尔塔龙仍然需要盔甲，这可能是为了威慑那些即使无法彻底杀死它们，也要对它们造成滋扰的攻击者。

10

鹦鹉嘴龙

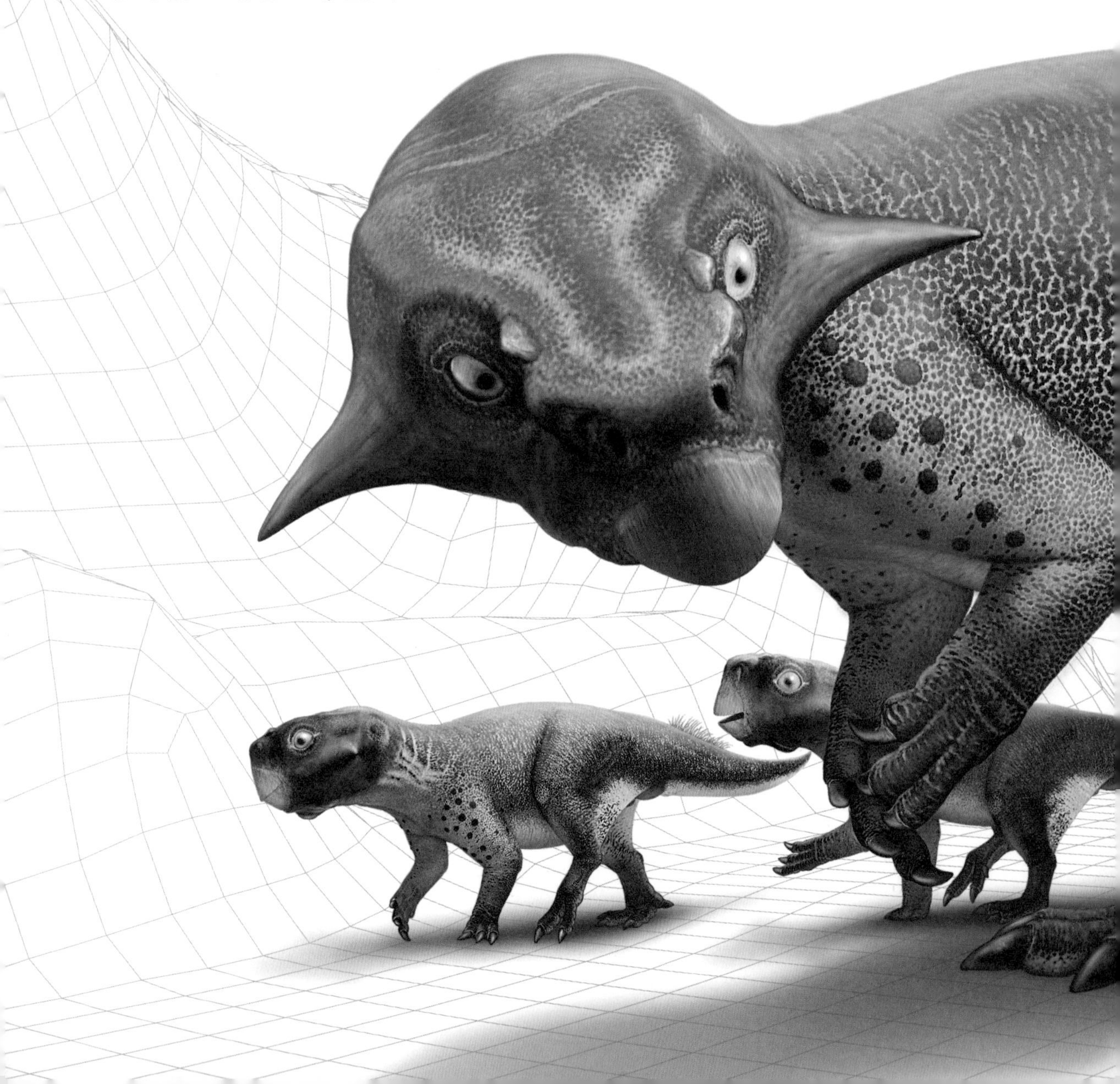

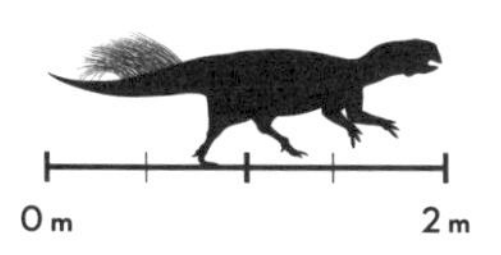

130—120

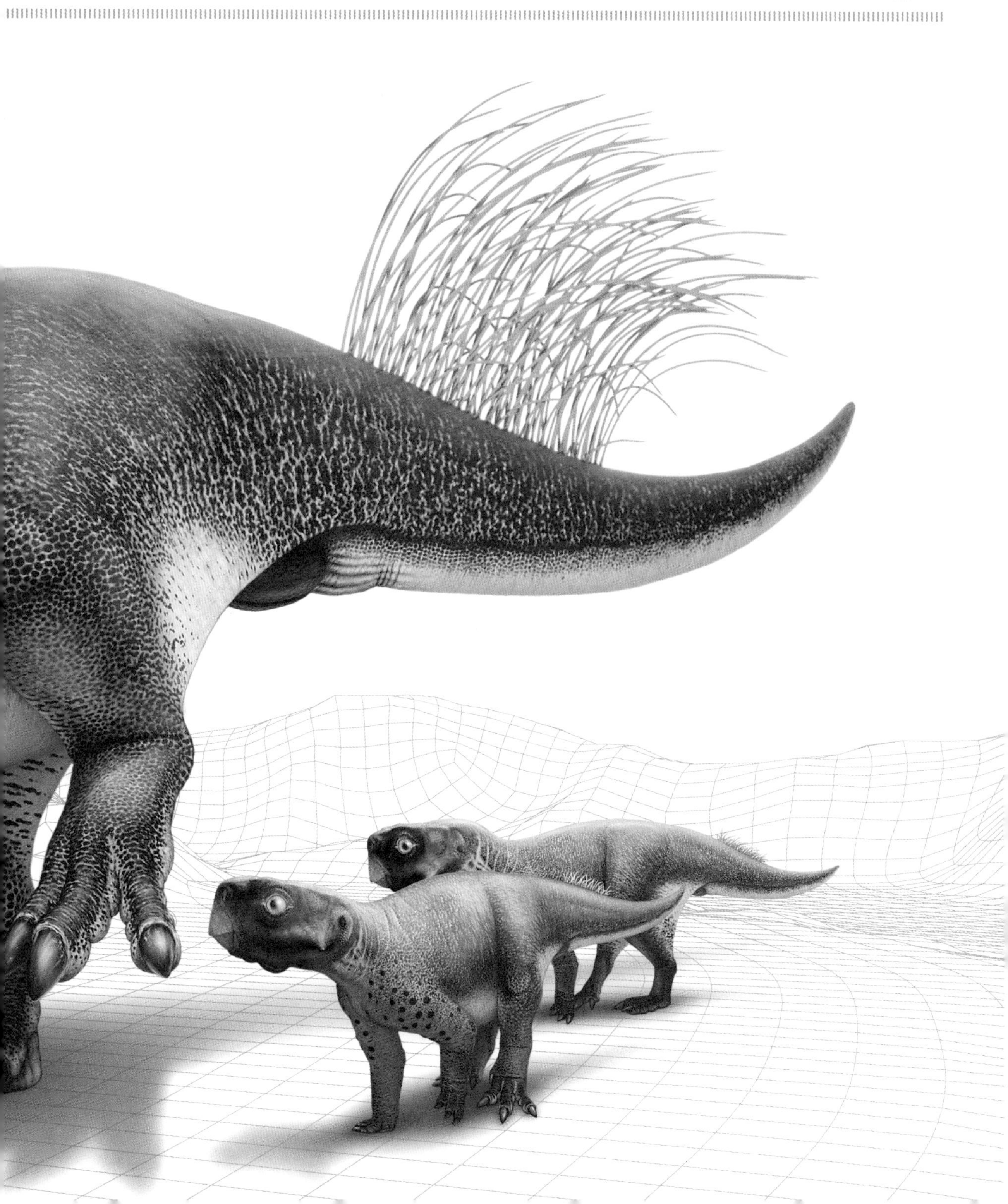

隐藏在视野之中

如果回到 1.25 亿年前的中国北方，我们脚下可能是一片林间空地，林间点缀着宽阔的浅湖，而远处的火山正冒着浓烟。从树上的小鸟和小型恐龙，到飞过湖面的大型昆虫，一切是如此活泼而喧嚣。树林里时不时会有沙沙声。走近一点，你可能会看到一小群短鼻子恐龙，每只身长约 2m，正鬼鬼祟祟地在林间窜来窜去。

这些是成年的鹦鹉嘴龙。它们用后肢行走，脑袋很大，额头扁平，口鼻处弯曲形成尖锐的喙状结构。这个短喙可以将树叶从树上切下，并送到嘴里的中后部慢慢咀嚼。最令人惊奇的是它们融入环境的能力非常强。它们看起来非常扁平，有如二维生物，当光掠过树梢的时候，鹦鹉嘴龙们仿佛就消失了。

巧妙的保护色

这种保护色的效果来自反影伪装，这种伪装是通过平衡阳光的影响来达成伪装效果的。在开阔地的自然光下，肤色更浅一些的腹部处于阴影中，没有被光线照到。肤色较浅的腹部搭配肤色较深但是光照较强的背部，能让动物看起来更扁平，使其有效地融入环境中。而在森林等相对封闭的栖息地中，由于阳光受到部分遮挡，背部的光线不会过于醒目，而腹部的阴影也不那么显眼，此时反影伪装的扁平化效果就要通过减少腹部浅色面积来达成。

在 2016 年的一篇颠覆性论文中，布里斯托大学的雅各布・温瑟尔及英尼斯・卡希尔的研究表明鹦鹉嘴龙的鳞状皮肤是有反影伪装的。卡希尔是一位生物学家，毕生都在钻研动物的体色，不过之前去他只研究现生的动物，通过实验来确认这些动物颜色和花纹的功能。温瑟尔则是一名古生物学家，在古生物颜色复原的诸多领域有着重大贡献（见本书 P52）。在见到了德国法兰克福森根堡自然博物馆收藏的鹦鹉嘴龙标本后，温瑟尔询问卡希尔，恐龙呈现的不同的反影伪装是否能反映出它们栖息地的不同。温瑟尔深信原始的颜色能保存在鳞片中，至少能区别出明暗色调。森根堡自然博物馆的鹦鹉嘴龙有浅色的下腹部和尾巴、色调

成年鹦鹉嘴龙的头骨有上下加宽的颌部及用于剪切的牙齿。在上下颌的前端没有牙齿，因此古生物学家推测这种恐龙会以坚韧的植物为食，并用角质包覆坚硬骨质的喙来切下食物。它可能有一条强壮的舌头，能将切下的植物拉入口中，并通过颊侧尖锐的牙齿将食物嚼得粉碎。头骨的后部又高又宽，这给负责咬合的肌肉提供了很大的附着空间。

著名的森根堡自然博物馆鹦鹉嘴龙标本。这件标本极为特殊，因为它上面还保留了软组织（多数保存于火山灰的标本中，就算有任何羽毛和软组织也会被燃烧殆尽）。包覆在骨骼周围的黑色轮廓大多是这只恐龙的皮肤，包括尾巴上面排列了一些芦苇状的羽毛（见化石尾部的左侧）。仔细观察的话，你会发现所有黑色区域都是皮肤上的鳞片和其他体表组织的痕迹，这包括了原始体色的一些线索。

较深的胸腔，以及覆盖着暗色的鳞片的头部和背部。

当这些颜色与阴影数据被投射到本书插画师鲍勃・尼科尔斯所创建的鹦鹉嘴龙精确三维模型中时，可以看出鹦鹉嘴龙身体和尾巴侧边的鳞片由浅色到深色的过渡位置比较低。和现代哺乳动物及其原生栖息地比较后，可以推断鹦鹉嘴龙生活在混合的森林栖息地，这也和周边所发现的植物化石种类相吻合。如果腹部的浅色部分延伸到更上方的位置，那就代表这种动物生活在更为开阔的平原。

鹦鹉嘴龙是一种生活范围非常广的恐龙。从 1923 年首度发现这种恐龙的化石以来，至今科学家们已经命名了 18 个种类的鹦鹉嘴龙，它们散布于东亚的数十个化石点，从西伯利亚南部横跨蒙古、中国北方、韩国、日本及泰国。目前这 18 个种类中，可能只有 10 种左右是被认可具有独特性的，但即便如此，这依然展现出了单一恐龙属[1]在广阔地理区域中惊人的多样性。

意想不到的发现

鹦鹉嘴龙是在 1923 年被命名的，因亨利・费尔菲尔德・奥斯本的研究而被公之于世。奥斯本当时是位于纽约的美国自然历史博物馆馆长，他组织了一系列在蒙古地区的古生物发掘活动，意图探究人类的起源。他的发掘之旅并没有找到任何早期人类线索，却带回了丰富的白垩纪恐龙化石标本。

奥斯本着手记录这些发现，并为许多的恐龙命名。他发现鹦鹉嘴龙是最为奇特的一种恐龙。这种恐龙明显属于角龙类，是著名的三角龙（*Triceratops*）和独角龙（*Monoclonius*）的早期亲戚。这些晚期的角龙有粗壮的四肢和庞大的身形，鼻子及眼睛的上方有角，头骨后部长着大片骨质颈盾来保护脖子。角龙类家族是北美洲晚白垩世最广为人知且数量丰富的恐龙之一，它们是用四肢行走的“巨无霸”，就像过度发育的犀牛。反观鹦鹉嘴龙就很小，身长不到 2m，还以双足行走。奥斯本意识到，鹦鹉嘴龙就是那个“缺失的环节”，恰恰介于博物馆陈列厅内那些双足行走、没有“武器”的小型侏罗纪恐龙和有盾、有角的角龙类之间。

然后，更令人意想不到的发现报道于 2002 年——森根堡自然博物馆的鹦鹉嘴

1　现在学界的生物命名使用的是双名法，即运用属名和种名来表示一个物种的学名。在介绍恐龙等古生物时，通常以属名来指代一个物种，但实际上一个属可能会包含许多亲缘关系接近的种。如鹦鹉嘴龙属（*Psittacosaurus*），就有蒙古鹦鹉嘴龙（*P. mongoliensi*）、中国鹦鹉嘴龙（*P. sinensis*）、杨氏鹦鹉嘴龙（*P. youngi*）、西伯利亚鹦鹉嘴龙（*P. sibiricus*）和有情鹦鹉嘴龙（*P. sattayaraki*）等 18 个种。——译者注

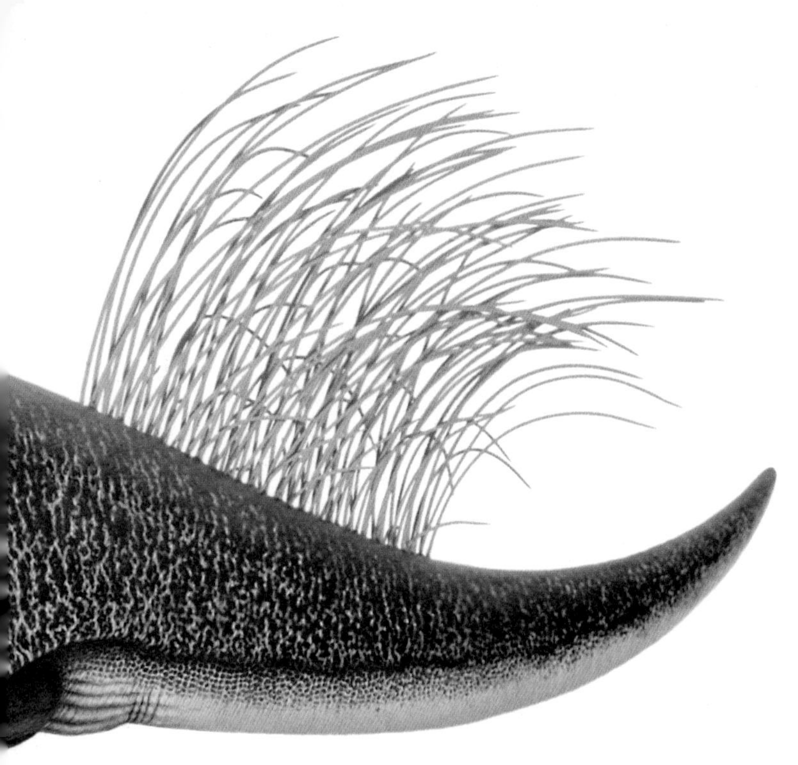

是沼泽芦苇还是羽毛？当这些沿着鹦鹉嘴龙尾巴中线垂直生长的鬃毛被首次发现时，有些古生物学家认为这是保存在恐龙骨骼旁边的植物化石。然而，这毋庸置疑是这只恐龙的一部分，因为其成分是角质，与鬃毛或羽毛的成分一致。这些构造是用来在个体间传递某种信息的吗？

龙标本被发现长有羽毛。这是一个震惊世界的发现，毕竟这是一种角龙，在演化枝系上距离鸟类非常遥远。而这些“羽毛”也同样很奇怪，是坚韧、芦苇状的结构，有如栅栏一般成列生长在尾部中线。

这件标本来自中国的四合屯，保存得相当完好，大面积的鳞状皮肤或多或少被保留在原位。这只鹦鹉嘴龙死后一定陈尸在浅湖滩上，肉都腐烂或被分解，但骨骼仍保持完好，尾部的鬃毛及整张皮肤都还完好地保留在原位。皮肤的保存得益于磷酸钙（磷灰石）形成的结晶，这些成分部分来自皮肤及周围组织（包括骨骼）。这是一种非常罕见的保存方式。

森根堡自然博物馆的格拉尔德·迈尔及其同事在 2002 年将这个发现公之于世时，他们的表达尽量规避这场学术豪赌的风险。他们将这个特征称为“覆盖结构”，更进一步说明“没有可信的证据显示这些结构和兽脚类恐龙身上的毛状覆盖物（也就是羽毛）同源，它们在构造上并不相同”。目前，我们知道鹦鹉嘴龙除尾巴上的鬃毛外，并没有其他的羽毛。多数来自中国的鹦鹉嘴龙标本都没有保存皮肤或羽毛，但有个化石点发现了大量的化石，这些发现揭露了很多古生物学的重要信息。

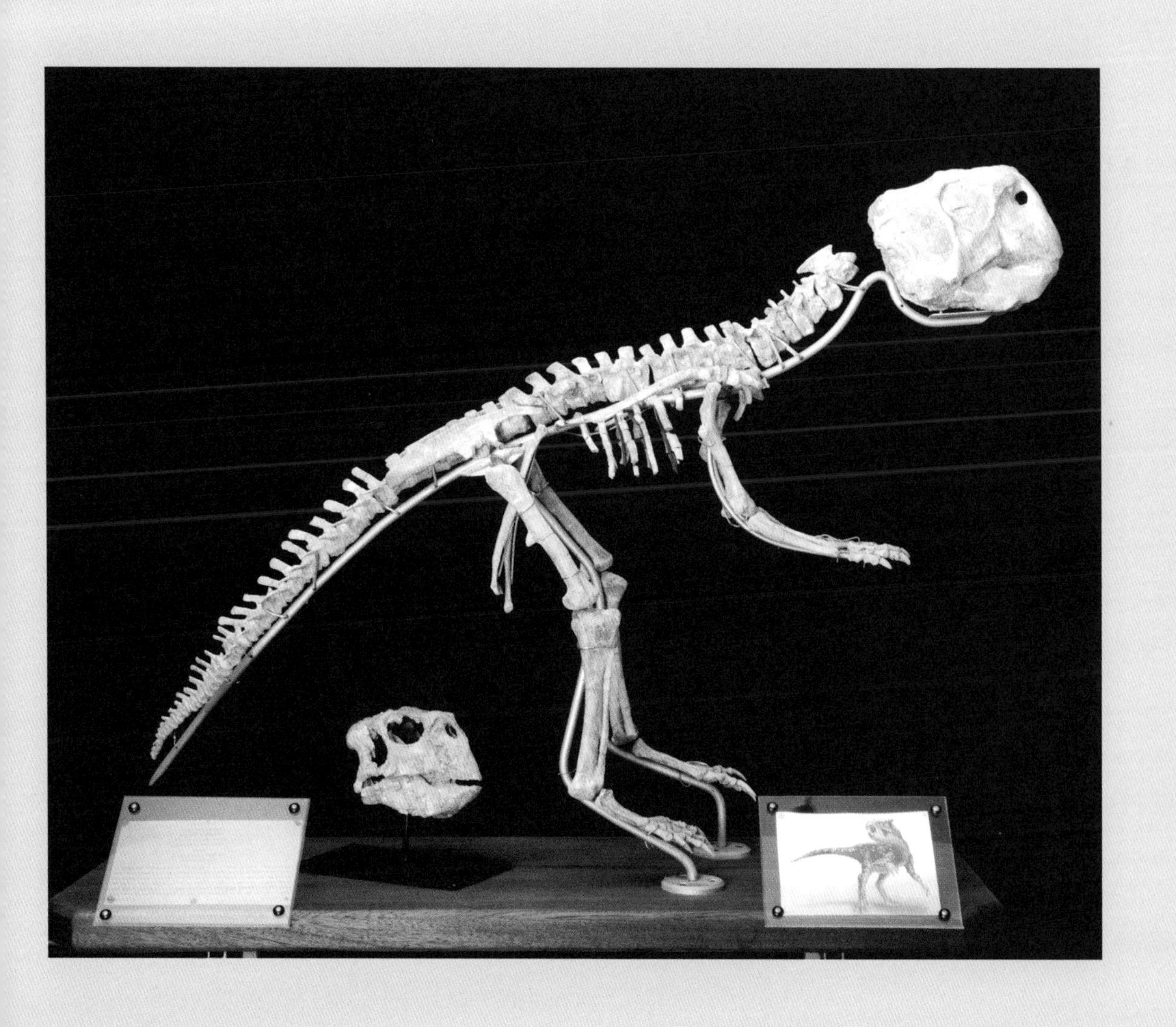

一具鹦鹉嘴龙的骨骼按照生前的姿势被装架起来。较短的前肢证明了这种动物主要是以两足行走，不过在吃一些低矮植物时，它也会四肢着地。

中国的庞贝城

中国辽宁省西部的陆家屯化石层是举世闻名的化石产地，主要是由火山岩和湖泊沉积物混合形成的。实际上，这些在陆家屯发现的鹦鹉嘴龙正是被周遭火山爆发飘落的火山灰困住并掩埋的。2013 年，我们对这个产量丰富的化石点进行了地质学调查。爱尔兰科克大学的研究人员克里斯・罗杰斯博士和我指导的博士研究生相继对此处的沉积岩岩层进行了分层和记录，识别沉积环境，并尝试解释这些恐龙遗体是如何被保存下来的。

我们的研究发现，陆家屯组是一个特殊的、区域性分布的岩石地层组，它仅分布在陆家屯四周，也是存在于中国北方、距今 1.23 亿年前到早白垩世结束之前约 1000 万年[2]的大型湖泊沉积序列的一部分。

大多数情况下，这个湖泊的沉积物以泥和粉砂为主，通常含有一些火山灰，化石就被埋藏在这些细层之间，因此可以展现其中保存的昆虫、鱼类、蜥蜴、小型恐龙、鸟类和哺乳动物化石的大量细节。但在陆家屯，所有小型动物都被从天而降的炙热火山灰烧成了灰烬，只有体形大一点的动物才能保留标本——最常见的就是鹦鹉嘴龙，但也有些哺乳动物保存了下来，比如爬兽（*Repenomamus*），甚至在一些爬兽标本的胃部还保存了尚未被完全消化的鹦鹉嘴龙宝宝（这个发现被一些主流媒体报道为一个“哺乳动物能吃恐龙”的故事，不过这就像那些虚构的故事上头条一样讽刺）。

2　即 1.1 亿年前。——译者注

陆家屯组（又称“中国庞贝城”）的化石沉积物，这些火山灰层层包围着大多数中国鹦鹉嘴龙标本。这些是显微镜下的照片，显示了不同的岩石类型。①粉砂岩当中部分保存的齿列，以及图片右上方的富含黑云母的火山岩。②相互关联的肋骨保存在粉色的火山灰砂岩当中。③粉红色凝灰质砂岩内含橙色的玻璃状火山灰。④来自下层凝灰岩的样品，显示了火山抛出的几块伪火焰体，这是一种火山喷发出的微小的熔融玻璃状碎片。⑤标本 IVPP V14748 的围岩，这是一件博物馆藏品，这个照片也显示出它与④保存在相同的岩石当中。⑥来自 IVPP V14341 标本的火山泥流沉积的基质，这是一堆流动的火山灰和火山碎屑，图片左下角可见典型的火山岩碎片。最后两张图片⑤、⑥显示了地质学家如何将没有来源信息的博物馆标本化石的岩石基质与野外的岩石进行匹配。

①
②
③
④
⑤
⑥

幼崽及其生物学意义

陆家屯及周边地区发现了上千具鹦鹉嘴龙的化石标本。其中许多标本是由很多幼年个体群聚构成的，中国的博物馆大都拥有一窝鹦鹉嘴龙幼崽标本。虽然说大部分化石是真的，但是中国的研究人员和博物馆策展专业人员依旧非常警惕它们是否有造假的可能性，如有些时候这些幼体标本实际上是来自不同的地点，被人为地粘在一起，或者经历了一些其他方面的“修缮”。

我指导的一位博士研究生赵祺博士，曾对一窝天然群聚的鹦鹉嘴龙化石标本进行了显微切片研究。这项研究可以通过计算生长轮的数目来估计个体的年龄，每一条生长轮代表生长了一年。这一窝的 6 件幼年标本中，有 5 件标本大约是 2 岁，而还有一件大约是 3 岁。在鹦鹉嘴龙里面，年龄大一些的恐龙可能也会和一群年幼的恐龙一起活动；但对于其他的恐龙来说，刚出生的恐龙幼崽会尽量远离带有威胁的成年恐龙，所以鹦鹉嘴龙这个特点是个改变我们认知的大发现。鹦鹉嘴龙刚刚孵化出来的时候，是四足行走的，我们一直很好奇它们是如何在成年之后变成两足行走的。赵祺博士对鹦鹉嘴龙骨组织学的研究显示，它们的腿骨长得比前肢骨骼快，因此在鹦鹉嘴龙刚刚孵化出来的时候，四肢都比较短，随着生长发育，后腿变得更长，在 3~4 岁的时候它们就变成了两足行走的动物。

成年之后同样变化的还有鹦鹉嘴龙的食性。意大利访问学生达米安诺・兰迪在对比鹦鹉嘴龙幼体和成体的头骨研究工作中发现，鹦鹉嘴龙的上下颌咬合力随着它们的成长会显著增强，并且像我们预测的那样，成年的鹦鹉嘴龙中，咬合力最强的上下颌着力点还稍稍向前侧移动了一些，说明成年的鹦鹉嘴龙相比幼年个体能更好地用上下颌切割植物。

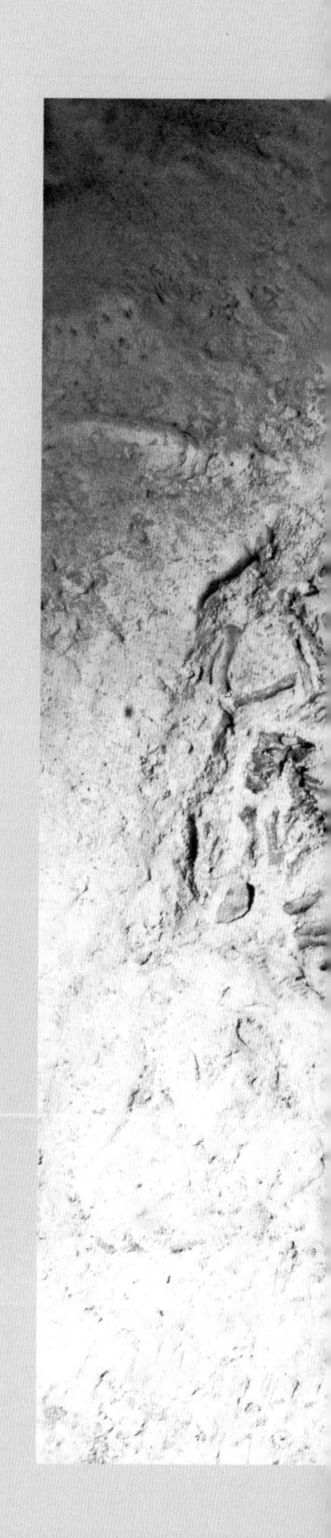

一窝鹦鹉嘴龙标本。美国怀俄明州恐龙中心的这件标本看起来好得令人难以置信。照片里显示了约 30 具幼年鹦鹉嘴龙个体紧紧抱在一起的情景，右侧是一个成年鹦鹉嘴龙的头骨。这是鹦鹉嘴龙妈妈和它的孩子们吗？更有可能的是，这是由许多件从陆家屯周边地区收集而来的幼年鹦鹉嘴龙化石标本和一件独立的成年头骨化石拼凑出来的，是为了展示特定场景而有意为之。

羽毛

对页：
火鸡的“胡须”是由褶皱的皮肤和簇状羽毛构成的特殊的结构，一般为鲜艳的红色和蓝色，鹦鹉嘴龙的鬃毛可能也是如此。雄性和雌性火鸡都有“胡须”，这些“胡须”从它们的胸部垂下，非常引人注目。

大部分陆家屯鹦鹉嘴龙的化石仅剩骨头，皮肤和羽毛的痕迹都被炙热的火山灰烧毁了。而存于森根堡自然博物馆的、最早被古生物学家杰拉尔德·梅尔和同事们在 2002 年描述报道的那件鹦鹉嘴龙化石，来自靠近陆家屯的四合屯产地。四合屯的化石保存在相对正常的湖泊沉积物中，因此，大量的皮肤和羽毛的印痕以碳质薄膜的形式保存下来。鹦鹉嘴龙的羽毛主要沿着它们的背侧分布，呈现长管状的结构，深深嵌入皮肤。在这件化石标本上总共发现了大约 100 根羽毛，全部紧密地分布在背部后侧的一个长约 23.5cm 的条带状区域上。这种鬃毛状结构每一根长约 16cm，根部宽约 1mm，末端逐渐尖细。

到 2016 年，梅尔更加确信鹦鹉嘴龙的尾部鬃毛状结构就是羽毛。在这 14 年间，科学家们在鸟臀类恐龙当中发现了更多这种类似羽毛的结构，包括天宇龙（*Tianyulong*）和库林达奔龙（*Kulindadromeus*）；同时科学家们在现生动物中也找到了类似物，是一种火鸡和珍珠鸡都会长的被称为“胡须状”的结构。在这些现代鸟类中，这种“胡须状”的羽毛并不是从毛囊（皮肤内部的小窝）当中生长出来的，而是生长于皮肤上的凸起，全部包覆着角蛋白。角蛋白是一种天然而坚韧的透明蛋白质，是头发、羽毛和指甲的基本构成材料。火鸡“胡须状”的结构会随着生长变得中空，并呈束状，紧紧地固定在皮肤上，非常像鹦鹉嘴龙的鬃毛状结构。

但这些鬃毛不是羽毛，而是一种非常接近羽毛的结构。鸟类这些类似的束状结构与一些特殊的发育过程有关，因此鹦鹉嘴龙的鬃毛可能也与生长过程中类似的特殊发育过程有关。是否可以把这些鹦鹉嘴龙身上的类似结构称为羽毛，并归类于现代鸟类那种呈束状的羽毛，以及这种结构是不是一种展示结构，目前仍存有争议。

雄性和雌性火鸡都有“胡须状”的结构，但雄性火鸡只有在吸引雌性的时候，才会竖起它的“胡须”。鹦鹉嘴龙也可能用类似的信号去吸引异性，例如可能会像豪猪一样把鬃毛摩擦出声音，也可能会像雨刷器一样摇摆尾巴以吸引异性注意。我们可以设想这样一幅画面，在 1.25 亿年前的中国北方及蒙古，数十只鹦鹉嘴龙聚到一起，在繁殖季节里面抖动着它们的鬃毛，发出兴奋的摩擦声。

11

库林达奔龙

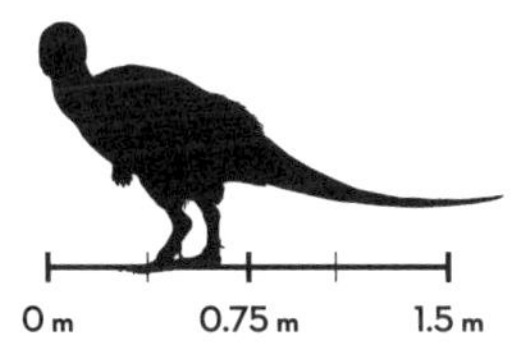
0 m
0.75 m
1.5 m

你在看我吗？2014年发现的库林达奔龙化石是了解羽毛演化的重要数据来源。这种以植物为食的鸟臀类恐龙在演化树上与鸟类相去甚远，但它的化石却呈现出多种类型的羽毛。这证实了很可能所有的恐龙都或多或少长有羽毛。

钢铁般的凝视

中侏罗世的西伯利亚比我们想象的要温暖一些。在侏罗纪时，这里还位于北纬40°，不仅更靠近赤道，还没有被冰所覆盖。当时这里有很多树木和灌木丛，生活在昆虫嗡嗡作响的背景之下。你可以看到树上有一只很奇特的恐龙，它看起来就像一只小袋鼠。它的头很短，口中长满了适合咬食植物的小牙齿。

它的身体覆盖着短而类似毛发的羽毛，形成柔软的浅棕色毛皮，毛色会随着它的移动和扭动而改变。一条深色条纹沿着背部中间延伸，随着它的移动，身体两侧的浅棕色会从浅色调变成深色调。非比寻常的是，这只恐龙的长尾巴是长满鳞片的，上面、下面及侧面都排列着多角形的管状装甲结构。胳膊和腿上也有鳞片，但大腿上有一团蓬松的羽毛，就像灯笼裤一样。它用钢铁般的目光注视着你，仿佛在警告你不要取笑它特殊的皮肤装饰。

侏罗纪时期有很多大型的肉食性动物，因此从鼻子到尾端总共长度仅有约1.5m的小型库林达奔龙得时时提防。我们对这些捕食者的了解并不深，因为迄今为止在西伯利亚的岩石中科学家只发现了一颗牙齿。但是，如果这颗牙齿的主人与在北美洲同时代岩石中发现的异特龙相似，那它会是一种体形巨大的动物，身长约9.5m，用强而有力的后肢奔跑，并有血盆大口。它可以轻松超过体形比它小得多的库林达奔龙，但这种有羽毛的小型植食性恐龙可能会左右摇晃，它的毛皮在阳光下和阴影中闪烁光芒，像涟漪一样，也许会让捕食者感到头晕眼花。库林达奔龙抓住这个机会冲进阴影，然后藏了下来，其斑驳的棕色羽毛和鳞片与植被完美融合。

惊人的标本

小库林达奔龙的标本的完整程度令人惊叹，尤其在化石中发现其长有羽毛，更引起了不小的轰动。世界各地目前已经发现了数百种类似的鸟脚类（植食性）恐龙标本，其中有许多体形很大的标本，但很少有皮肤或羽毛的迹象。该标本于 2013 年在库林达化石点被发现，其保存状态异常完好，因此提供了大量的信息，而保存得如此完整的原因似乎是附近的火山。火山灰是酸性的，当它落入湖泊和河流中时，会使水呈微酸性，基本上就像在腌制肉和皮肤，就像我们在醋（也就是稀醋酸溶液）中腌制小黄瓜或洋葱一样。酸性保存的另一个著名案例就是在西北欧的所谓的“酸沼木乃伊”，尸体被扔进泥炭沼泽，泥炭释放的腐殖酸熏黑了它们的皮肤并保存了所有柔软组织。

保存这些古老羽毛所必需的特殊环境提醒我们，有更多关于这些远古怪兽的细节早已消失无踪。然而这一发现的真正重要性在于，这是一种鸟臀类恐龙——这一类群包括许多主要的植食性恐龙成员，如禽龙和鸭嘴龙，而从演化的角度来看，这一类群在恐龙谱系中离鸟类非常遥远。如果库林达奔龙真的有羽毛，那可能代表所有恐龙都有羽毛，甚至能追溯到它们的起源时代。但有什么证据可以证明这个推测呢?

2013 年初，比利时布鲁塞尔自然历史博物馆的帕斯卡·迦得弗洛伊特教授联系了我们。当时，现任爱尔兰科克大学教授的玛丽亚·麦克纳马拉正在布里斯托与我一起研究恐龙羽毛和颜色的保存。自 2011 年以来，帕斯卡就一直与俄罗斯的同事合作，他们在库林达发现了最为惊人的新恐龙化石，它的皮肤、鳞片和羽毛都保存完好。而我们能提供什么协助呢?

帕斯卡送来了一些样本，玛丽亚很快就鉴定出了它们的身份。它们羽毛的形态很不寻常，但这是意料之中的，毕竟它们和鸟类的亲缘关系很远。玛丽亚在显微镜下看到的羽毛分为 3 种。第 1 种是单簇丝，呈单根、长须状，长 1~3cm，在背部、躯干两侧和头部周围的皮肤上萌生。这些简单的须毛存在于许多恐龙中，常见于中华龙鸟，但也存在于鸟类中。

第 2 种羽毛是独一无二的，是一种带有 6~7 根细丝的板状结构。基底的板是一个鳞片，宽 2~4mm，犹如旌旗上丝带般的细丝的宽度不到 1mm。这些羽毛有点像鸟的绒羽，但它们在基底板上的排列方式是独一无二的。基底板以规则的对角线排列，覆盖了上臂和强健的大腿的大部分区域。

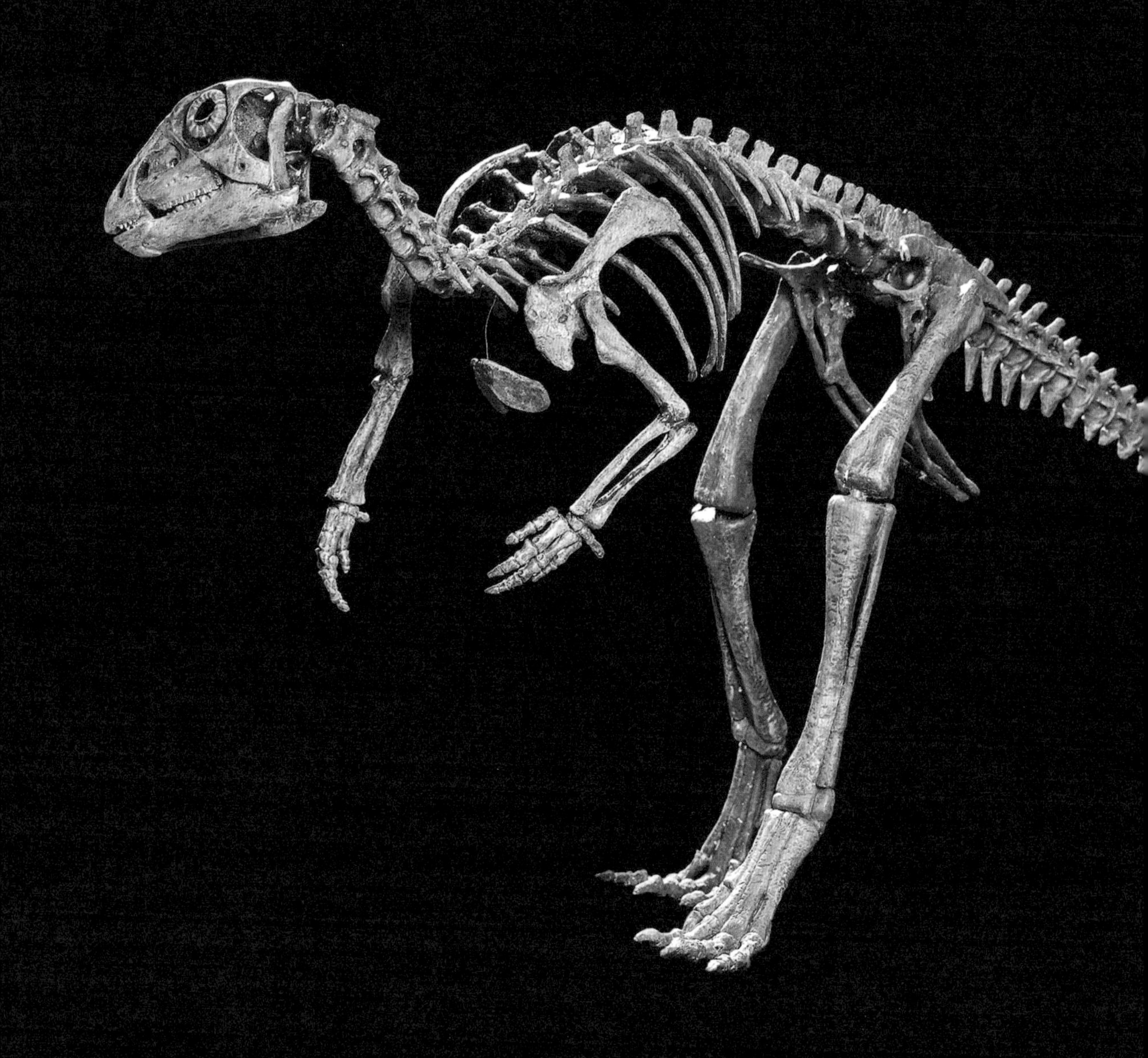

库林达奔龙的骨骼显示它是一种典型的小型鸟脚类恐龙，外观与侏罗纪和白垩纪许多其他中等大小的植食性恐龙相似。它的头骨很短，有强大的下颌可以切割植物。肢体的大小比例显示它主要是两足动物，但前肢除了抓取和控制食物，也适合偶尔趴在地面上休息。当这种恐龙高速奔跑时，长而僵硬的尾巴正好相当于一根平衡杆。

第 3 种羽毛只见于库林达奔龙的小腿，由 6~7 根长达 2cm 的丝带状结构组成。通过仔细检查发现，每根丝带状结构都由大约 10 根非常细的细丝组成，它们紧紧地束在一起。

除这 3 种羽毛外，在库林达奔龙标本中还发现了 3 种鳞片。第 1 种是小腿上的重叠的六边形小鳞片，每片长 3.5mm；第 2 种是手、手腕、脚踝和脚上覆盖的更小的圆形鳞片；第 3 种是最大的鳞片，在尾巴上紧密地排成 5 列，每一列都从臀部开始到尾巴的尖端结束。这些大鳞片宽 2cm，长 1cm，并以规则的方式叠覆，前面鳞片部分覆盖在后面鳞片的末端，就像屋顶上的石板一样。叠覆的方向很重要：在屋顶上，石板向下叠覆，因此水从上到下流动，不会渗入房屋；而在库林达奔龙的尾巴上，板状鳞片从身体到尾端叠覆，与该恐龙向前运动的方向一致。如果它们以相反的方向叠覆，当这只恐龙试图向前走时，鳞片可能会张开并倒钩住树枝和障碍物。

"哥萨克[1]灯笼裤"：库林达奔龙是生活在俄罗斯的恐龙，但侏罗纪时期的西伯利亚气候温暖，所以它不需要"羊毛裤"。然而，这些化石显示出在库林达奔龙腿的下部有各种大大小小的鳞片，而其大腿上则长着须状的羽毛。

1　哥萨克（Cossack）是生活在东欧大草原的游牧民族，主要分布于乌克兰和俄罗斯南部。——译者注

羽毛的早期起源

截至 2014 年，已经在一些鸟臀类恐龙身上发现了羽毛的痕迹。首先是鹦鹉嘴龙背部的奇怪羽茎，首次报道于 2002 年。然后是 2009 年报道的天宇龙，其背上有着卷曲、僵硬的羽毛。但这两者都是不寻常的羽冠，与覆盖在鸟类和许多小型兽脚类恐龙全身的羽毛完全不同。因此，古生物学家一直对声称所有恐龙可能自起源阶段开始就有羽毛的观点持谨慎态度。

库林达奔龙和鹦鹉嘴龙及天宇龙一样，是一种鸟臀类恐龙。传统理论认为恐龙作为一个演化群体，在其演化的早期先分裂成 2 个类群，然后再分裂成 3 个主要类群，这一分化时间点可能在大约 2.3 亿年前的晚三叠世。第 1 类是兽脚类恐龙，包含所有的肉食性恐龙，也包括鸟类的祖先，因此在一系列的兽脚类恐龙标本中发现羽毛并不奇怪，例如中华龙鸟、尾羽龙和小盗龙。第 2 类是蜥脚类恐龙，包括巨型植食性动物，如梁龙、雷龙和萨尔塔龙，它们从未长出羽毛。第 3 类是鸟臀类恐龙，同样也是植食性动物，包括鸟脚类恐龙等无盔甲的恐龙，还包括包覆着盔甲的甲龙类和剑龙类恐龙，以及有大头的角龙类恐龙，如鹦鹉嘴龙。

我们对库林达奔龙的研究证明，鸟臀类恐龙不仅有羽毛，甚至它的羽毛还与兽脚类恐龙及鸟类的羽毛有诸多相同之处。确实鸟臀类恐龙的某些羽毛是特殊的，比如旌旗状的羽毛，这在任何兽脚类恐龙或鸟类中

都不曾见过，但这不足为奇。毕竟在数亿年的时间里，羽毛类型可能会变得多样化，其中一些类型我们在现存鸟类中从未见过，这都在可预料的范围之中。

一些研究人员认为，羽毛可能至少独立出现过两次，一次在兽脚类恐龙（并演化出鸟类）中，一次在鸟臀类恐龙中；但更简单的观点是它们一同起源于恐龙的起源点，甚至更早期的谱系中。我们对库林达奔龙的研究表明，这些群体之间有几种共同的羽毛类型，而大多数恐龙化石中没有这些羽毛很可能仅仅是因为化石保存得不完整。因此，甚至可能最早的三叠纪恐龙也有羽毛。在那个时候，羽毛与飞行无关，也许更多的是因为大多数或所有恐龙是温血动物，而羽毛在像库林达奔龙这样的小动物身上可以提供保温作用。

鳞片

库林达奔龙鳞片状的手臂、腿和尾巴吸引了人们的注意。这些鳞片仅仅是来自恐龙的爬行动物祖先的原始特征，还是别的形态的结构？在现代动物中，老鼠有鳞片尾巴，鸡有鳞片腿，而遗传学证据告诉我们，这些都不是千万年前远古祖先的原始的残留物，羽毛和毛发是最近演化了数千年才形成的。

库林达奔龙的祖先很可能有毛茸茸的手臂、腿和尾巴，但自然选择导致这些羽毛演化为特殊的鳞片。因此，第一批恐龙可能全身都长满了羽毛，这种情况在许多后代中持续存在。但在一些恐龙中，如库林达奔龙的有些羽毛演化成鳞片，这也许是为了更快地奔跑（腿上的羽毛可能会相互干扰，就像短跑运动员在跑步时不喜欢穿宽松的裤子一样）；或者是为了让动物失去这个保温层，以避免过热；或者完全出于其他原因。

2014 年的小恐龙库林达奔龙标本是个惊人的发现，它为恐龙羽毛的研究开辟了一个全新的世界。我们不再认为羽毛是鸟类所特有的，或是只有鸟类的直系祖先所特有的，而可能是所有恐龙共有的。或者更广泛地说，也许是恐龙及其近亲翼龙类都共有的。我们在 2005 年左右开始研究恐龙羽毛时，根本不知道这项工作将会走向何方！

库林达奔龙标本的 4 张特写照片，显示身体不同部位的不同羽毛和鳞片。①部分手臂，呈橙色的骨骼和空腔，有小而圆的鳞片，类似蜥蜴表皮，每片宽约 0.5mm。②一些特殊的羽毛，称为“旌旗羽”，由长条状的细丝组成，鳞片状的基部排列成规则的行列，从大腿区域延伸出来。③ 2 种鳞片类型的印记，右侧较大的多角状鳞片和左侧较小的圆形鳞片，围绕腿的胫骨区域，同时可在图上看到胫骨。④皮肤碎片在肋骨之间显示出许多小的圆形鳞片（显示为橙色结构）。

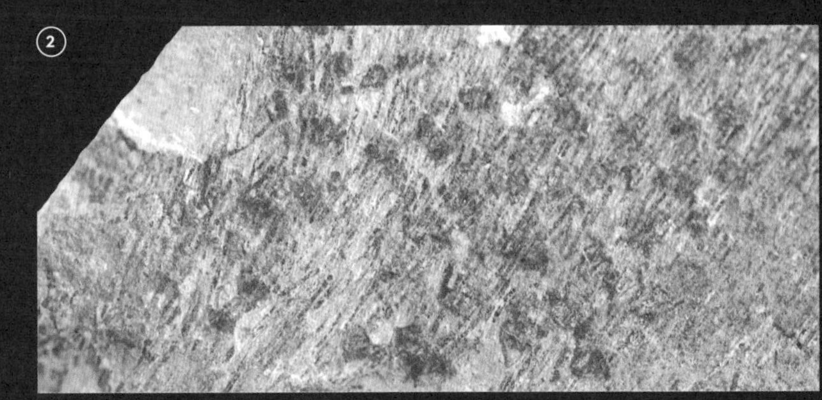

③

④

12

狭翼鱼龙

早侏罗世 1.8亿—1.75亿年前

再次受挫

这次我们来到一个非常不同的场景：在水中，我们与狭翼鱼龙（*Stenopterygius*）一起游泳。它不是恐龙，而是一种生活在中生代海域的海洋爬行动物，以鱼类或头足类动物为食。它与一些从三叠纪演化而来的海怪一起生活，这些海怪占领了世界各地的丰富食物链。也有一些巨型海洋爬行动物可能会捕食狭翼鱼龙。

在远古年代的场景中，狭翼鱼龙猛扑向一个箭石，箭石是现代鱿鱼和章鱼的已灭绝的近亲。箭石有肉质的身体和鳍，它向后游泳，就像现代头足类动物一样。它有一个墨囊，因此，就像它的现代近亲一样，它在受到惊吓时喷出墨汁，并通过虹吸管喷射出水柱奔逃。等捕食者回过神来，箭石早已消失，逃到了安全的地方。

狭翼鱼龙并没有太担心，因为这种情况并不少见，于是它去追逐另一群箭石。狭翼鱼龙是早侏罗世典型的鱼龙种类之一，长 2~3m，身体特殊的形状能使它在游泳时达到最大的游泳效率。事实上，鱼龙的形状像鱼雷：横截面几乎是圆形的，有一个细长的鼻子，以及从身体向后弯曲的鳍。这种经典的符合流体动力学的形状也在其他快速游泳生物中独立演化出来，例如鲨鱼、金枪鱼和海豚。

狭翼鱼龙除了腹部是深灰色外，其余部分都是黑色的，这暗色肚皮出乎人们的意料。因为大多数快速游动的鱼类和海洋四足动物的腹部是白色的，这是反影伪装的一个例子，无论从上面还是从下面看，这种配色都可以让动物与海水融为一体。捕食者从上面看时，会凝视着漆黑的海洋深处，很难看见一只黑背动物，即使是大型动物也不容易被看见；从下面看，白色的腹部与天空的明亮光线融为一体，也不容易辨认出白色腹部的位置。

因此深色腹部是相当独特的。我们能确定狭翼鱼龙的腹部是深色的吗？如果狭翼鱼龙确实有深色腹部，那又代表了什么？

对页：
三维保存的狭翼鱼龙骨骼，它是早侏罗世的鱼龙类，保存了头骨、脊椎、肩胛骨、胸骨和桨状鳍。头骨上清晰地显示着它的大眼睛，大眼睛让它能够在光线有限的深水中看到猎物，它还有长着锋利牙齿的长嘴，非常适合抓捕和诱捕鱼类及头足类动物。

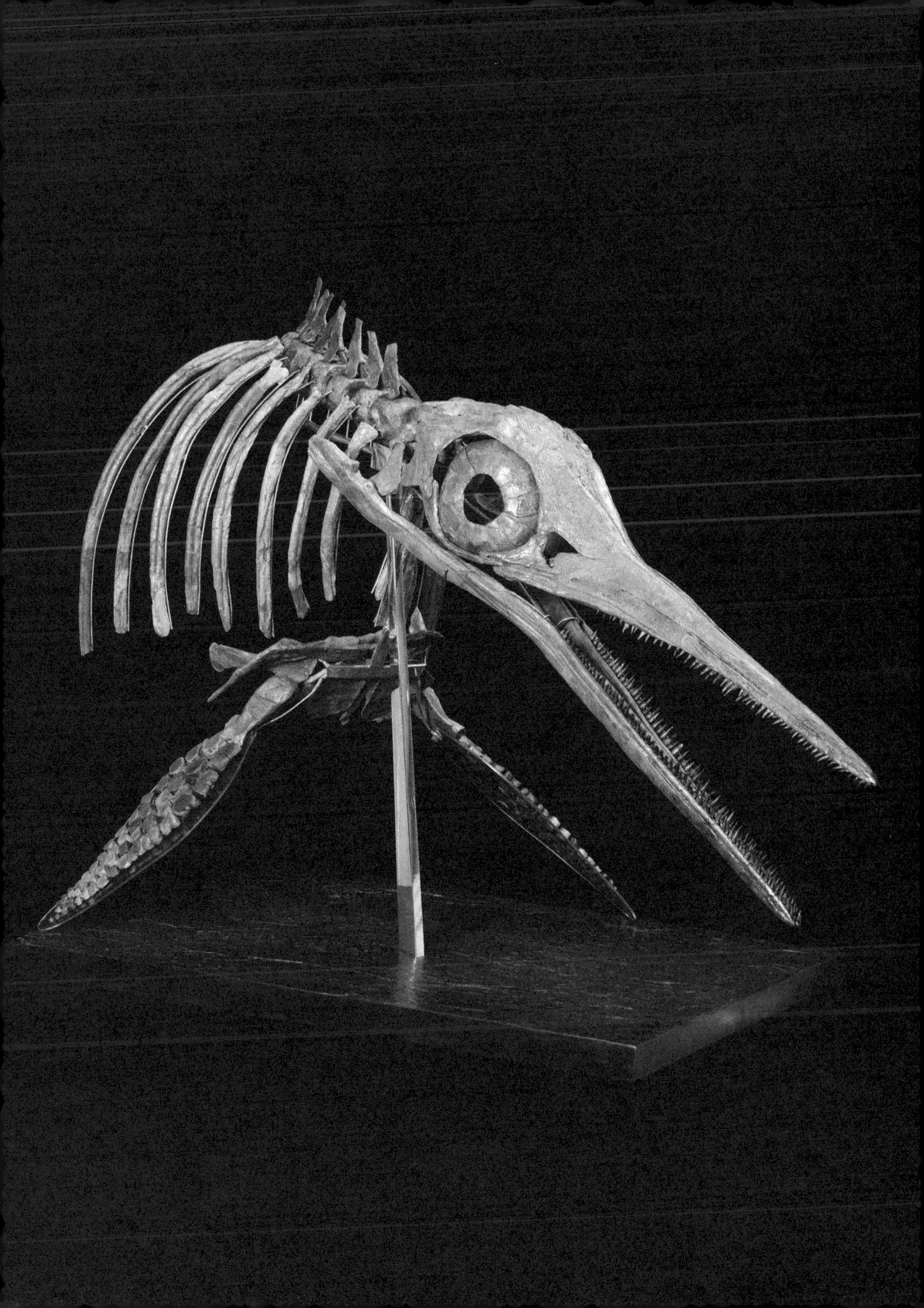

鱼龙古生物学

鱼龙的标本是在1800年左右首次被发现的，而且很可能在那之前就已经挖掘出了其他标本。在三叠纪和侏罗纪的某些欧洲岩石中，化石不仅很丰富，且往往是完整的。鱼龙是完全的海洋爬行动物，我们现在知道它们起源于早三叠世的陆栖祖先。正如鲸的陆地祖先适应了海洋生活一样，许多不同类群的生物在早三叠世演化出海洋掠食者的形态。这个时期正好是二叠纪末大灭绝发生之后，环境发生了巨大动荡，正是地球上的生命遭遇最大危机的时期。

这些早期的海洋爬行动物以鱼类、龙虾和软体动物为食。有些海洋爬行动物适应了以硬壳猎物为食，演化出了坚硬、平坦的牙齿，它们用这些牙齿磨碎生活在海岸附近的牡蛎和其他带壳生物的外壳。也有些海洋爬行动物像鱼龙一样以鱼类为食，演化出了长而窄的口鼻部，上面排列着许多锋利的牙齿，如今在一些鳄鱼身上也可以看到这样的口鼻部。当它们咬紧嘴巴时，长长的牙齿形成了笼状，可以捕捉滑溜溜的鱼或鱿鱼。当颌骨完全闭合时，水从侧面喷出，在边缘挣扎的鱼则被一些牙齿刺穿，并被牢牢地吞下去，没有任何逃脱的机会。

我们从许多鱼龙的肠道内容物、粪化石及它的猎物化石中，还原出这类生物的饮食。肠道内容物的意义不容小觑。在一些包括狭翼鱼龙在内的早侏罗世鱼龙标本中，科学家在它们的胸腔内都发现有大量锰铁矿化的小钩。这些是微小的钩状化石，每个长约1mm。这些是排列在箭石触须上的结构，能够让狭翼鱼龙抓住猎物并将其传送到位于触手冠中部的嘴中。这种小钩子似乎是在鱼龙的内脏中积累起来的，这个发现意味着它们要么每天只吃大量箭石，要么可能随着时间的推移而累积的小钩由于某种原因没有被排出体外。小钩由甲壳素构成，甲壳素是一种化学性质类似于纤维素的多醣体，显然不会在鱼龙的胃酸中分解。大多数海洋捕食者，如虎鲸，有可以溶解猎物骨骼和贝壳的胃酸，因此它们消化食物后几乎没有残留物，鱼龙可能也是如此。

粪化石显示出不明显的螺旋状，也许与肠道的最后部分的形状相匹配，但通常很难确定粪化石的制造者是谁。更不寻常的是，目前也发现了几件鱼龙呕吐物的化石，通常由数百个箭石的护甲组成。护甲是

对页：
一个保存异常完好的早侏罗世箭石——克拉克箭石（*Clarkeiteuthis*），化石展示了柔软的组织部分和臂钩。该标本来自德国霍尔茨马登的波西多尼亚页岩，目前陈列在慕尼黑古生物学博物馆（标本号：BSPG 2001 I 51）。

箭石的内壳，比小钩大得多。显然，鱼龙无法咬碎这些护甲，因此鱼龙将箭石整个吞下，消化肉体和触手，然后吐出护甲，有时一次能多达上百个。这表明一些较大的鱼龙至少会以游泳的箭石为食，也许就像今天一些较大型的鲸所做的那样，迫使头足类动物在它们周围游动，从而使其形成一个紧密的鱼群，然后吞下整个群体，无视它们的墨汁云雾。然而，狭翼鱼龙可能太小，无法单独进行这种捕食行动，因此可能三四只鱼龙合作围捕猎物。

对页：
石灰石板上面有箭石的化石和四块鱼龙脊椎。这些化石可能是偶然保存在一起的，但它们提醒我们，早侏罗世的鱼龙会以箭石作为主要食物，然后吐出箭石内部的方解石护甲，形成所谓的“呕吐物”堆积。

将陆地抛诸脑后

第一批潜入海洋的鱼龙可能仍然会在陆地上行走，但尚未发现它们的骨骼化石。我们通过研究有更丰富记录的鲸的演化历史，来了解这种转变是如何发生的：早期的鲸的生活分为两个阶段，即像海豹和水獭一样潜入水中捕捉食物，以及爬上陆地生育它们的孩子。然而，从化石中发现的所有鱼龙都完全适应了海洋生活，有桨状的鳍和符合流体动力学的、子弹状的身形。但鱼龙化石里仍有祖先手指的痕迹——最早的鱼龙仍然有陆生脊椎动物标准的五根手指——被厚厚的皮肤包裹着，就像戴了一只大手套。

鱼龙在水中通过划水提供动力，主要使用桨状的前鳍来前进。如果鱼龙在向前移动时看到障碍物，它会伸出左鳍，头部和身体向右转。最早的鱼龙的身体更接近蛇形，而狭翼鱼龙和所有后来出现的后代的身形都相对较短，形状更像金枪鱼，具有肥大的身体和宽尾鳍，从而使它们在水中能产生更强大的力量。在研究游泳的实验中，我的博士生苏珊娜·古塔拉发现，鱼龙的游泳效率与现代鲨鱼及海豚一样高，而且它们从一开始就具有这种游泳效率。虽然鱼龙的体形发生了许多变化，但其游泳效率仍然相当稳定。类似金枪鱼的体形使鱼龙即使变得越来越大（狭翼鱼龙的长度为 3~4m），也能通过减少相对阻力来提高游泳效率。

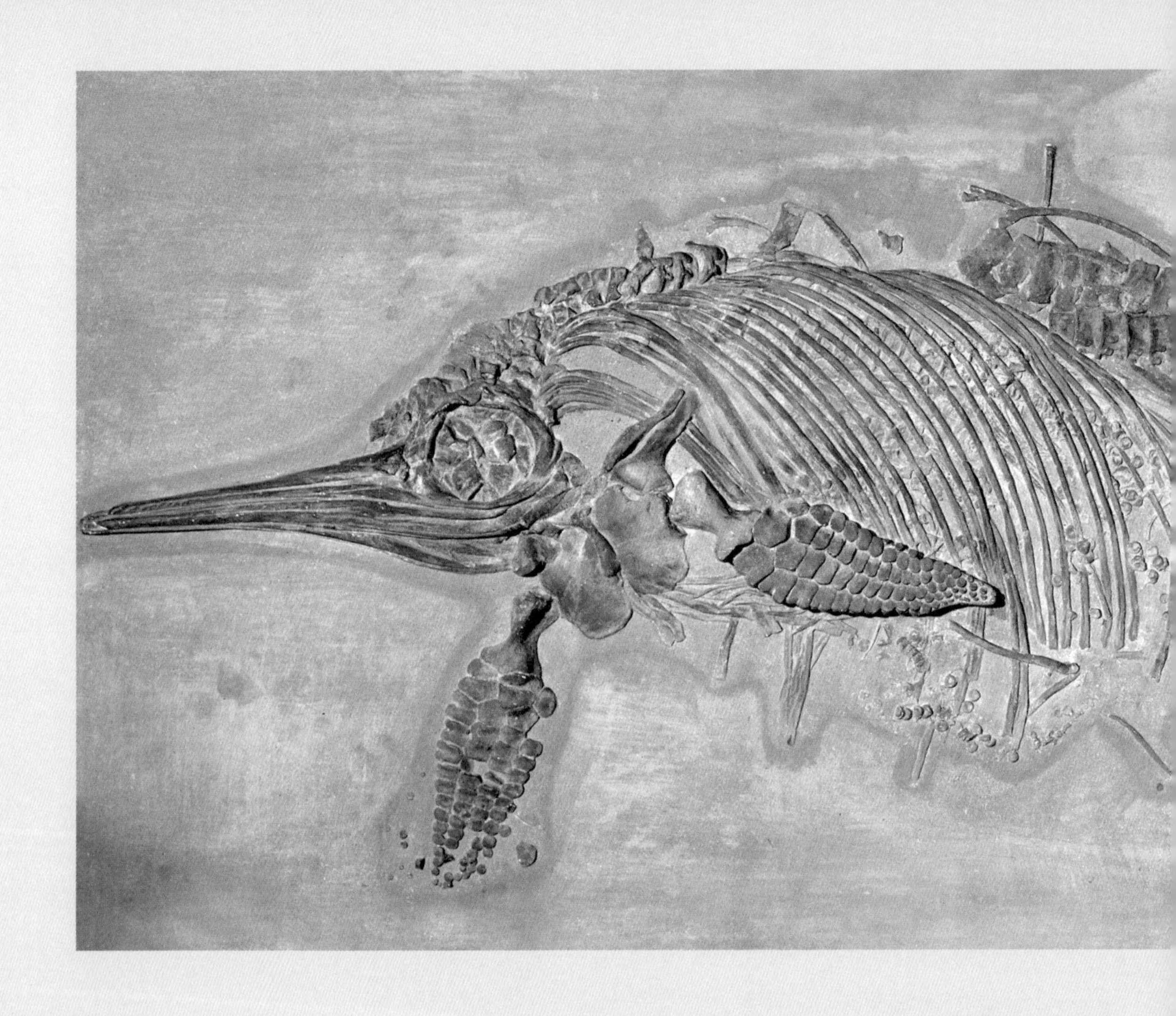

最早的鱼龙可能仍要努力爬上陆地以生下它们的宝宝，但狭翼鱼龙绝对不是这样的。我们现在知道狭翼鱼龙会在海中生育，就像现代的鲨鱼和海豚一样，这是因为我们已经发现了许多带有胎儿的标本。其中有许多件标本来自德国南部一个叫作霍尔茨马登的地方。这些标本已经被仔细研究过，成年鱼龙腹部的小型鱼龙并不是被残害同类的成年鱼龙吃掉了，而是位于母亲卵巢的位置。成年雌性鱼龙一次可携带 6~8 胎。甚至在一个很罕见的化石中，还可见到怀孕的鱼龙体外有一个或多个宝宝。母亲和她的孩子是否在分娩过程中死亡？可能不是，因为它们可能不会靠得这么近。据推测，这位不幸的母亲是在怀孕晚期死亡的，死因可能是因为它怀了过多的胚胎。而在其体外发现宝宝则是因为母亲死亡后腐烂，导致体内产生气体进而爆炸，于是把体内胚胎喷射出去了。

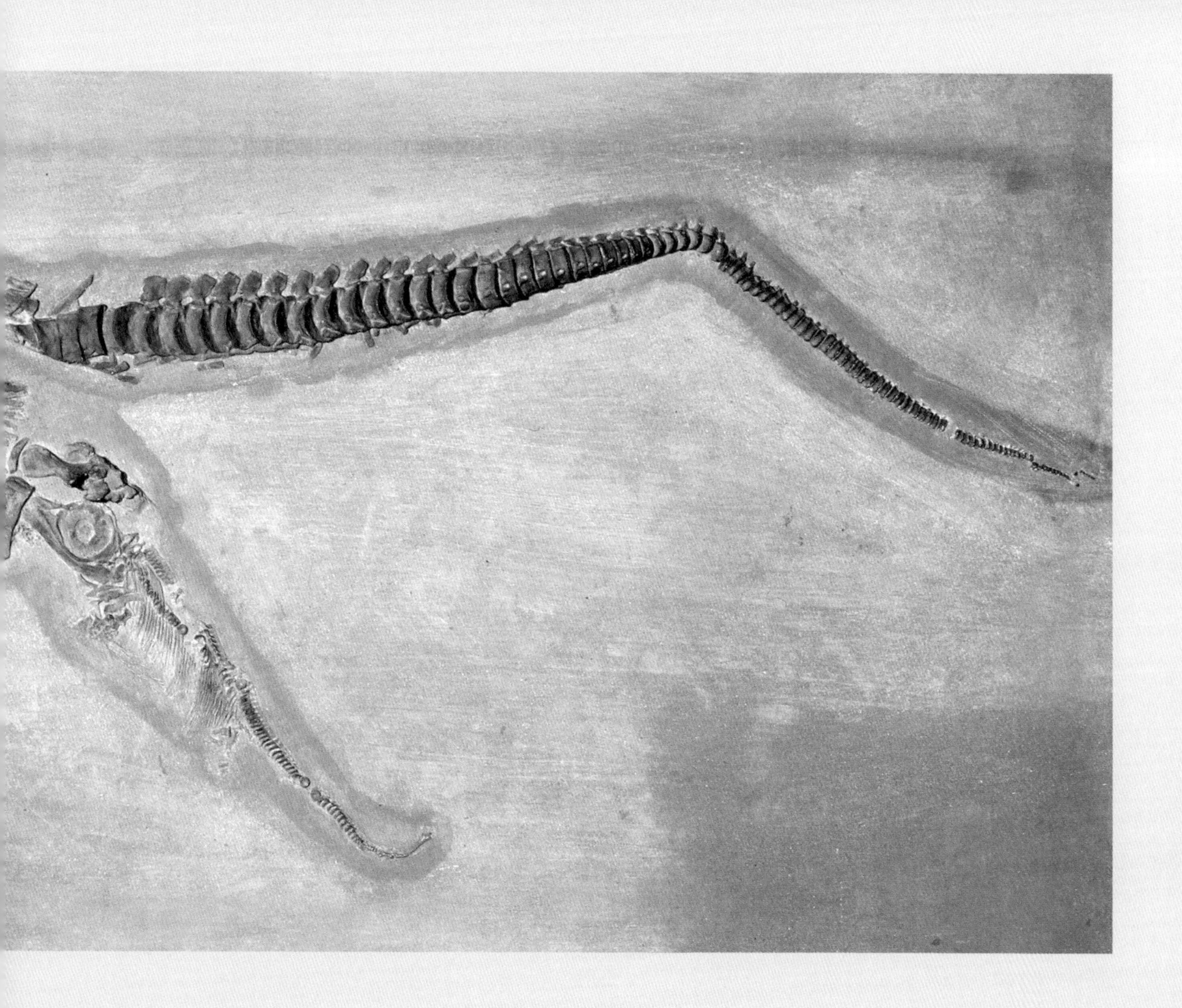

一只怀孕的鱼龙（窄吻狭翼鱼龙，*Stenopterygius quadriscissus*），标本来自德国南部霍尔茨马登著名的早侏罗世鱼龙沉积岩层。在这个标本中可看到胸腔内的几个发育中的胎儿，以及一个明显处于分娩过程中的个体。

狭翼鱼龙体内的胎儿总是排成一排，分娩时胎儿的尾巴先出来，而不是头先出来。从人类到蜥蜴的几乎所有动物的顺产过程都是头先出来，但鲸不一样。由于出生时尾巴在前，鲸宝宝可以获得关键的时间冲到水面吸入第一口空气。如果鲸宝宝是头朝下出生的，很可能在完全摆脱母亲的束缚之前就溺毙了。

对页：
一篇著名的历史文献。这幅画和题词由伊丽莎白·菲尔波特于1833年绘制——她展示了一个鱼龙头骨的案例，该头骨是用与鱼龙相同年代的乌贼化石所生产的墨水（墨鱼黑色素）绘制而成的。

黑皮肤及黑墨水

箭石的墨汁与现代头足类动物的墨汁一样，是由一种叫作墨鱼黑色素的特殊黑色素所形成的，并且化石中的墨汁从喷射那天直至今日都一样黑。伊丽莎白·菲尔波特绘制了一件精美的鱼龙标本的图画，由著名的莱姆里吉斯化石收藏家玛丽·安宁收集。伊丽莎白·菲尔波特从箭石化石中刮下一些黑色素化石，将其制成糊状，并用这个侏罗纪墨水绘制了鱼龙的图画。同样也正是对墨鱼黑色素化石的研究，使雅各布·温瑟尔意识到黑素体可以保存成香肠状的微体化石，这些结构过去被其他人错误地认为是细菌残留。

1956年发表的一篇论文首次提出了鱼龙是黑色的证据，可惜这篇论文长期被人忽视。玛莉·惠蒂尔是一位专门研究鱼皮结构和功能的海洋生物学家，她描述了一块保存完好的鱼龙皮肤化石，该化石来自英格兰南部多塞特郡早侏罗世的海岸。她注意到这块化石皮肤整体呈黑色，至关重要的是，她观察到了黑色素细胞，即皮肤中产生黑色素的细胞。她报告说，黑色素细胞呈树突状，就像一棵树的树枝从中心向外伸出，而且这些细胞含有“红棕色色素”，她将其解释为干燥后的黑色素。

更详细的研究则要等到很久之后。在玛莉·惠蒂尔的具有先见之明的论文发表近60年后，瑞典隆德大学的约翰·林德格伦及其同事在2014年的一项研究中介绍了寻找鱼龙的黑素体的结果。他们从约克郡的一个狭翼鱼龙标本中采集样本，并在整个皮肤上发现了大量的真黑素体。通过与来自霍尔茨马登的狭翼鱼龙标本的比较，他们推断黑色遍布狭翼鱼龙的全身。这是因为霍尔茨马登的标本经常显示出黑色的身体轮廓，甚至可以确认桨状鳍和背部的背鳍的皮肤也是黑色。同时也可以观察到狭翼鱼龙的背鳍没有骨骼，这点与海豚的背鳍一样。

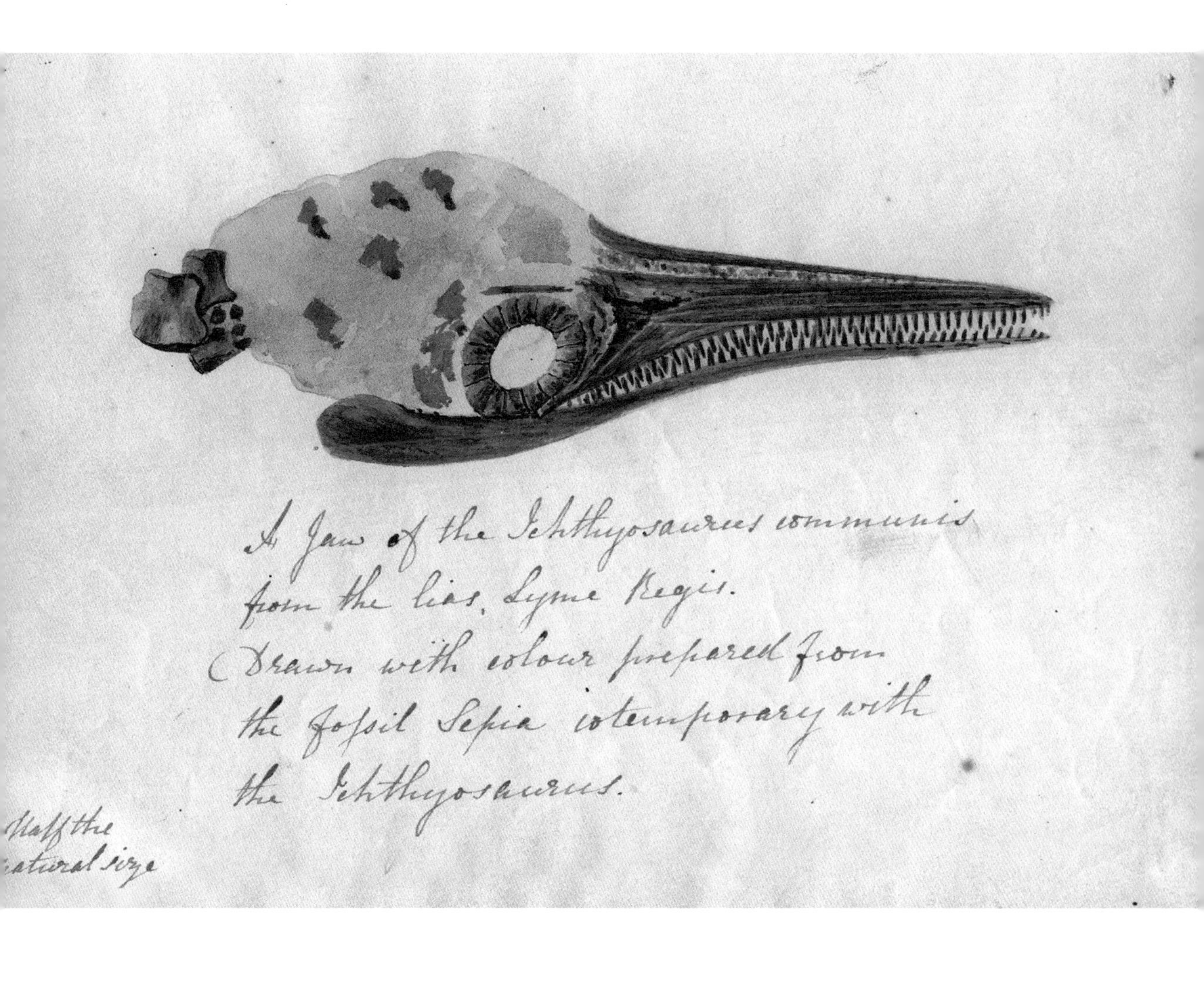

鱼龙皮肤样本的化学分析表明它们富含碳，飞行时间二次离子质谱分析证实了一种关键的化学成分是真黑素体（黑色或棕色），而林德格伦没有发现任何褐黑素体（红色或黄色）存在的证据。因此，研究人员推测狭翼鱼龙的身体呈黑色，且全身都是黑色，因为他们没有识别到身体周围有任何明显缺乏黑素体的区域。

科克大学的玛丽亚·麦克纳马拉在 2018 年发出一项警告，她提醒研究人员，化石中的黑素体并非全部来自皮肤或羽毛。实际上，肝脏和脾脏等内脏器官也含有丰富的真黑素体，真黑素体可能会在石化过程中迁移到身体周围，例如霍尔茨马登鱼龙骨骼轮廓的黑色外皮边缘。非外皮的黑素体在形状和结构上与外皮的黑素体不同，因此需要通过进一步的研究来确定这些黑素体是否确实来自皮肤细胞。然而，这些黑色有机边缘均匀分布在全身的体表，似乎表明黑色就是均匀地分布在整个身体周围。

狭翼鱼龙的另一个标本，来自德国南部霍尔茨马登的早侏罗世。这件标本是以扁平的状态保存的，但有明显的皮肤痕迹，黑色素很多，表明这只鱼龙在活着时通体是黑色的。保存下来的软组织证实了尾巴上部和背鳍的形状，在这两者中没有观察到骨骼。

如果有某些鱼龙，例如狭翼鱼龙，没有浅色的反影伪装的腹部，那意味着什么？一种推测是，它们生活在非常深的水中，远低于阳光穿透的水位，因此反影伪装毫无用处。在这么深的水中，所有生物都在黑暗中四处游荡，某些生物可能演化出发出磷光的结构以警告捕食者或引诱猎物；或许也可能只是像鱼龙那样拥有巨大的眼睛，以接收穿透到深海的微弱的光线。

13

北方盾龙

0 m
5 m

北方盾龙有一条短而有力的尾巴，可以左右挥舞。任何捕食者都必须谨慎对待它。

有刺，以及更多的刺

我们正在大约 1.2 亿年前的早白垩世的加拿大阿尔伯塔省。远处，我们看到一只红褐色的动物，它看起来像一只长满刺的乌龟。它慢慢地向我们走来，变得越来越大，我们意识到这不是乌龟。当它走近时，我们看到这是一头怪物，一种体长超过 5m、体重轻易就超过 1t 的动物。现代生物中没有这种大小和形状的动物，它更像是一辆坦克。

它的头宽、吻短，且吻部末端圆钝。小小的眼睛位于头部的两侧，完全被骨质的装甲骨板包围。它的头部的两侧和短脖子上围绕着短短的骨质棘刺，每个都尖锐无比，还有许多尖刺沿着这头野兽的背部和侧面排列。它的身体宽而低，有多达 20 排刺罗列在躯干上。较大的刺从颈部和头骨后部升起——其中有 2 个刺特别具有威胁性，每个长度足足有 0.5m，从肩部延伸而出。这些肩刺的形状像强大的中世纪阔剑，不过这些肩刺可能不用于杀戮。尾巴也被包裹在多排棘刺中，这些刺一直延伸到较小的尾巴末端。其颈部和腹部下方的皮肤没有刺，但长有鳞片。其背部是红褐色的，腹部是白色的。

这是一只北方盾龙（*Borealopelta*）。当它向前走时，尾巴会左右摇摆，这是一件强大的武器。它的眼睛也会左右扫视，此时它突然停了下来，发现有 5 只恐爪龙（*Deinonychus*）在树丛中大摇大摆地闹腾着。北方盾龙蹲下身子，保护着它那可怕的棘刺下方的柔软下腹部。恐爪龙冲上来，用脚趾上锋利的镰刀状钩爪向它扫来。只要能抓到它的腹部，就可以撕开其皮肤。但恐爪龙们知道这是在浪费时间。这种植食性动物体形巨大，1 只北方盾龙可供 10 只恐爪龙饱餐一周，但它们却找不到任何北方盾龙的破绽。它们在北方盾龙身边徘徊，有一只勇敢的恐爪龙跳跃到它的背上，在尖刺森林中“翩翩起舞”。北方盾龙耸了耸肩，恼怒地哼了一声。这只年幼的恐爪龙重重地摔倒，腿被北方盾龙一侧的尖刺撕裂。它一瘸一拐地逃走了。

一项惊人的发现

北方盾龙于 2017 年被命名，这件新标本立即被誉为迄今为止发现的保存最完好的大型恐龙标本。正如我们前面所介绍的，有许多小型恐龙标本保存完好，例如来自中国的标本，但对这种重达 1t 的巨型恐龙来说，这种保存完好的情况是史无前例的。这具骨架是在加拿大阿尔伯塔省麦克默里堡森科尔千禧矿山的净水组地层中发现的。这个岩层在过去主要是海洋环境，以前在此处挖掘出过海洋爬行动物的骨骼，例如鱼龙和蛇颈龙。所以在此处找到了一只恐龙，而且是一只硕大的恐龙，着实令人惊讶。

森科尔千禧矿山是阿尔伯塔省北部众多开采阿萨帕斯卡尔油砂（或称焦油砂）的矿山之一。这是一个覆盖全省超过 100000km^2 的巨大地质矿床，估计含有 1.7 万亿桶沥青，可被提取转化为石油，这为该省带来了巨额收入（其中一些收入用于研究恐龙和建设恐龙博物馆）。

北方盾龙骨架是在 2011 年的采矿活动中被发现的。根据阿尔伯塔省法律规定，所有在当地发现的恐龙化石都属于该省，必须向皇家泰瑞尔古生物博物馆报告，因此森科尔向博物馆报告了此事。皇家泰瑞尔古生物学家唐・亨德森（我在布里斯托之前带的博士生）和达伦・坦克参观了该化石点后，证实这是一具值得挖掘的骨架，但起初他们以为这只是一只蛇颈龙或鱼龙。仔细研究后，他们惊讶地发现这是一只恐龙。这么大的陆生动物怎么会被石化在离岸数百千米海洋岩石沉积物中呢?

次页：
阿尔伯塔省北部的森科尔矿山是一个巨大的露天矿，从阿萨帕斯卡尔焦油砂中提取了丰富的石油储量。很少有恐龙在这个地方被发现。

这个化石孤立在8m高的悬崖上，从岩石中将它取出耗费了14天。在挖掘过程中有一些令人毛骨悚然的时刻，例如当装有骨骼的巨大石块被起重机抬起时，应声断成两半。博物馆工作人员将这些破碎的石块放到地上，并用浸有石膏的厚麻布将所有挖掘出来的石块都包裹起来，零死角地包扎和保护，就像医院里护士用绷带包扎断臂和腿一样。然后博物馆技术员马克·米切尔花了整整6年时间才将化石周边的所有岩石清理干净。为了纪念他，这只恐龙被命名为马克米切尔北方盾龙（*Borealopelta markmitchelli*）。

光这具骨架就足以成为皇家泰瑞尔古生物博物馆藏品的一个壮观的附加展品。毕竟，它是唯一从这些海洋沉积物中发现的恐龙标本；也许更重要的是，它的年代属于早白垩世，而绝大多数在阿尔伯塔省发现的恐龙来自晚白垩世。因此，北方盾龙填补了北美洲恐龙在演化史上的空白。

但令科学家们最为惊讶的是这个化石上的软组织被保存了下来，这才是米切尔花了6年时间从岩石中挖掘出这只恐龙的原因。在每一个阶段，米切尔都仔细检查了骨骼周围的沉积物，寻找皮肤和内脏等软组织的痕迹。值得注意的是，整个恐龙躯体并没有变形，或多或少地保留了其原始的三维形状。

对页：
北方盾龙的正型标本，图①是侧面视角，图②是上方视角。在图①中，恐龙的头部正看着你，扁平的装甲甲壳向后方延伸；图②显示了沿着装甲骨板的横列，颜色深浅不同。

①

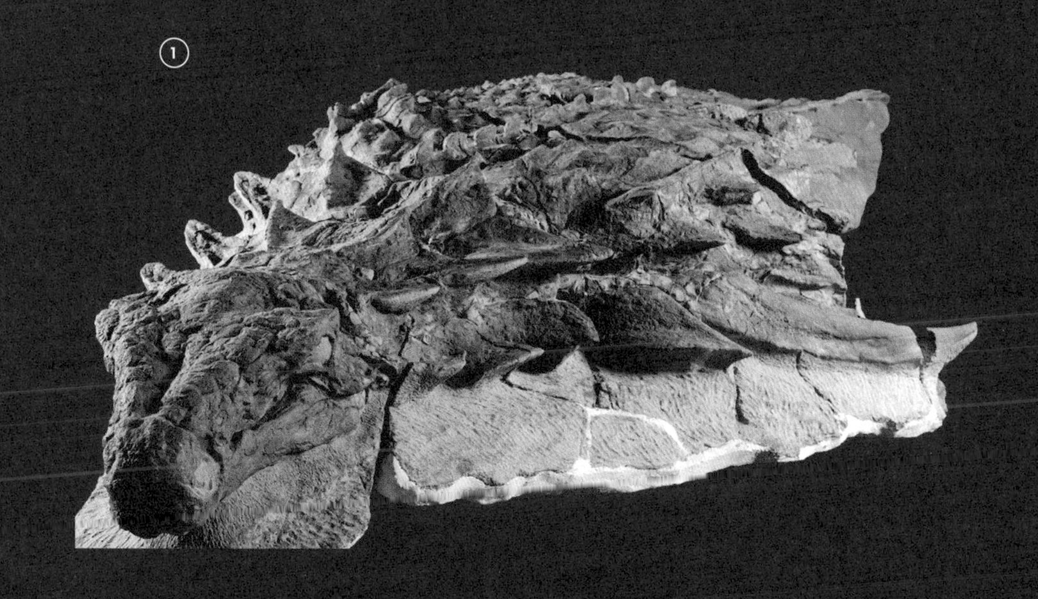

皮肤、尖刺和颜色

这件标本是由皇家泰瑞尔古生物博物馆的凯莱布·布朗领导的一个由 7 位作者组成的团队所发表的，其中包括唐·亨德森。他们详细介绍了每一块骨头、皮内成骨（嵌入皮肤的骨质鳞片或骨板）和软组织碎片，以及对这些组织的化学分析及其他研究，并得出了一些惊人的结论。

这只恐龙背部不仅保存了骨质盾片和皮内成骨，还保存了覆盖其上的角蛋白鞘及将两者结合在一起的皮肤痕迹。作者团队通过飞行时间二次离子质谱法对这些皮肤样本进行了测试，证实了皮肤中存在大量的黑色素，实际上，它是以有机化学物苯并噻唑形式增加了硫的黑色素。这是一个明确的指标，代表所有保存的黑色素都属于褐黑素体。正如我们之前所看到的那样，褐黑素体使鸟类羽毛和人类头发呈姜黄色，因此北方盾龙皮肤中的褐黑素体很可能使其背刺的周围的皮肤呈淡红色。

每个刺都被角蛋白鞘覆盖，就像牛和鹿的角一样。角蛋白是一种蛋白质，我们的指甲及动物的毛发、羽毛和爬行动物的鳞片都是由角蛋白组成的。北方盾龙刺上的角蛋白鞘有精细的凹槽，且色素沉着其中，而在皮肤中也检测到呈现微红色的褐黑素体。所以，这是一只全身都呈沙红色的恐龙。

长型肩刺的颜色与其他刺的颜色不同，甚至还会发出荧光。在紫外线下拍摄的照片显示，脊椎尖端发出荧光，但很难说这究竟是保存过程中发生意外导致的，还是原始物的遗留痕迹。也许这只恐龙会在晚上用闪烁的尖刺向其他生物发出信号，也有报道说在雷神翼龙（*Tupandactylus*）的头冠中也有类似的荧光效应。

北方盾龙似乎也有反影伪装，就像鹦鹉嘴龙和中华龙鸟一样。北方盾龙标本的腹部保存不如背部完好，因为北方盾龙是背部掉进了沉积物中，但保存的部分已足以证明其腹部区域没有黑色素的痕迹。因此，研究过鹦鹉嘴龙的反影伪装的雅各布·温瑟尔能够推测出反阴影线——即上方姜红色和下方浅色之间的分界线——出现在北方盾龙身体两侧最低的刺下方。

发现这头 1.3t 重的巨无霸有反影伪装是一个惊喜。在现代哺乳动物中，只有较小的哺乳动物——那些受到捕食者威胁的动物——才会表现出反影伪装。这是因为它们需要伪装来帮助它们隐藏在开阔的平原中，在逼近的捕食者面前变成扁平二维的。任何接近半吨的现代哺乳动物，包括驼鹿、犀牛和大象，全身都为素色，并没有白色的腹部。这是因为它们足够大，可以逃避被捕食的压力。北方盾龙的反影伪装表明它仍受到捕食者的侵扰——不是小型恐爪龙，而是像异特龙这样的大型兽脚类恐龙。在这种情况下，反影伪装可能有助于北方盾龙融入红棕色土壤和岩石的背景之中。

保存之谜

北方盾龙标本最大的谜团是它为何保存得如此完好。它仰面躺在岩石中，双腿笔直地朝上，它一定是以这个姿势降落在海床上的。这只恐龙很可能死在陆地上，或者死在海岸线上。在白垩纪，海平面比今天的海平面高，北美洲被西部的内陆海洋一分为二，南北穿过阿尔伯塔省一直到得克萨斯州。或许是一场暴风雨，抑或是异常的涨潮，导致恐龙尸体从岸边飘到了海里。尸体分解产生的气体使恐龙尸体膨胀，所以腹部会向上漂浮，就像死马或死牛被洪水冲走时经常发生的那样。几天后，腹部可能会膨胀到爆裂，释放出大量的臭气，让这具沉重的尸体迅速沉入海底并仰面着陆，它满身的刺让尸体得以牢牢地固定在原地。

尸体以一定的力量撞击海床，下层的沉积物因尸体的撞击和重量而变形。正常情况下，这么大的动物出现在海底，会引来各式各样的食腐动物，把尸体蚕食得仅剩骨头，但显然这只北方盾龙逃脱了这种命运。在很短的时间内，整个尸体都被牢牢锁定在菱铁矿结核中。菱铁矿在现今缺乏氧气的深海及湖泊底部都可见到。目前尚不清楚森科尔矿场的海床是否整体都曾是缺氧环境，也可能是腐烂尸体的化学物质不知何故使周遭缺氧。无论哪种形式，骨骼都被包裹在气密性好且富含铁质的岩石盔甲之中。在这个外壳上可以见到裂缝的痕迹，可能是在尸体倒塌时形成的，随着沉积物的堆积，腹部受到挤压，剩余的体液被排出。似乎正是这种对海床的撞击加上富含铁质的菱铁矿坟墓的及时的装甲保护，令棘刺和皮肤完好无损地保存下来。

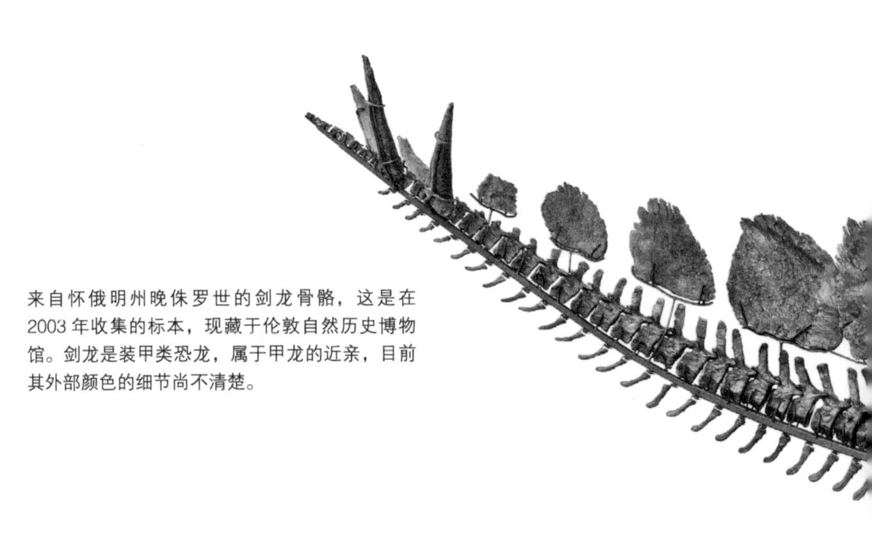

来自怀俄明州晚侏罗世的剑龙骨骼，这是在2003年收集的标本，现藏于伦敦自然历史博物馆。剑龙是装甲类恐龙，属于甲龙的近亲，目前其外部颜色的细节尚不清楚。

装甲恐龙

自19世纪30年代以来，古生物学家就经常挖掘到装甲类恐龙标本。当时在英格兰南部的早白垩世地层发现了第一只甲龙——林龙（*Hylaeosaurus*），以前从未发现过类似的标本。装甲类恐龙可以分成两大类，彼此亲缘关系都很接近，它们分别是剑龙类恐龙和甲龙类恐龙。

剑龙类恐龙中最著名的就是来自北美洲晚侏罗世的剑龙，这类恐龙的背的中部排列着骨板和棘刺，有些种类的恐龙在肩部区域还有一个奇怪的尖刺。但是，目前还没有一件非常完整的剑龙类恐龙化石标本向我们展示有关它们颜色和图案的信息。在侏罗纪和白垩纪的甲龙类恐龙中，北方盾龙在体形方面相当典型。甲龙类恐龙又可细分为两个类群：结节龙科，如北方盾龙和林龙，以及甲龙科，它们的尾巴末端有众所周知的巨大的骨槌。在经典场景中，北美洲晚白垩世甲龙科的包头龙（*Euoplocephalus*）与来势汹汹的霸王龙对峙，并用尾巴末端的骨槌向其腹部猛烈撞击。它是否能折断霸王龙的腿还有待商榷，但包括北方盾龙的所有甲龙类恐龙，对于那个时代的顶级掠食者而言，确实是强大的对手。

2020年，关于北方盾龙的更多信息被发现——它的最后一餐。在北方盾龙的胃部区域，古植物学家发现了蕨类植物、苏铁和针叶树的孢子和碎片。甲龙的牙齿很小，而且可能无法够到很高的位置，因此我们猜

测它们会在环境中缓慢移动，在肚子里碾碎所有能吞下的植物——包括树叶、水果和木头。北方盾龙非常挑剔，大部分食物属于一种特殊的蕨类植物。此外，腹中还有木炭，所以当时的环境可能经常发生森林火灾。肚子里的蕨类孢子囊或籽实体会在盛夏开放，所以这头北方盾龙很可能是在 7 月份死去的。

次页：
北方盾龙的肠道内容物，表明该恐龙吞下了大量石头来帮助它磨碎食物。黑色物质由它吃过的植物的有机残骸组成。

14

蛙嘴翼龙

0 cm
35 cm
170—160

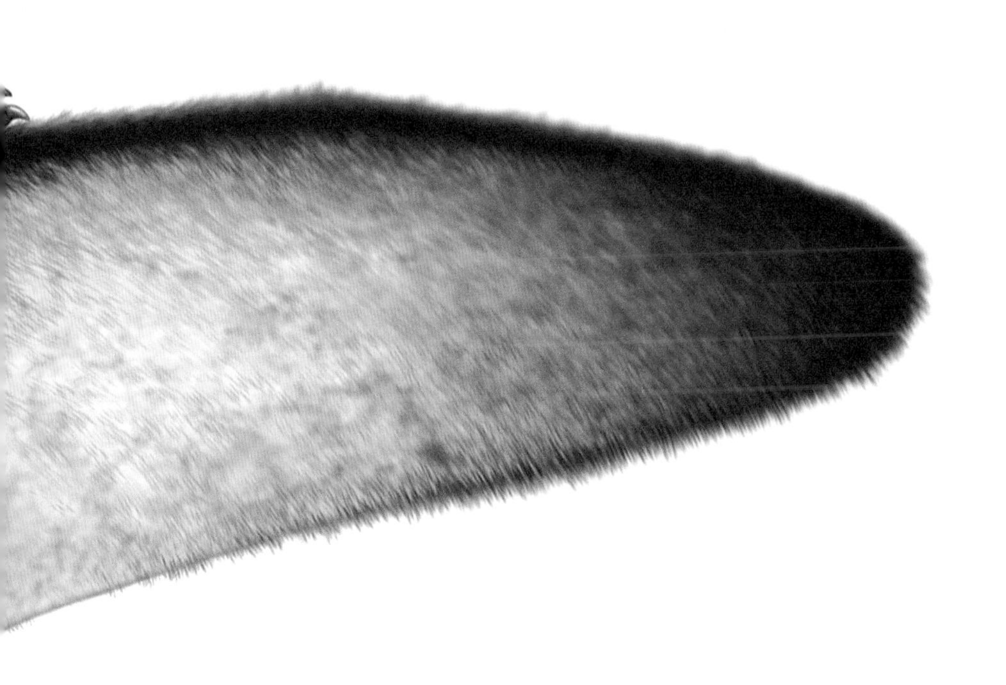

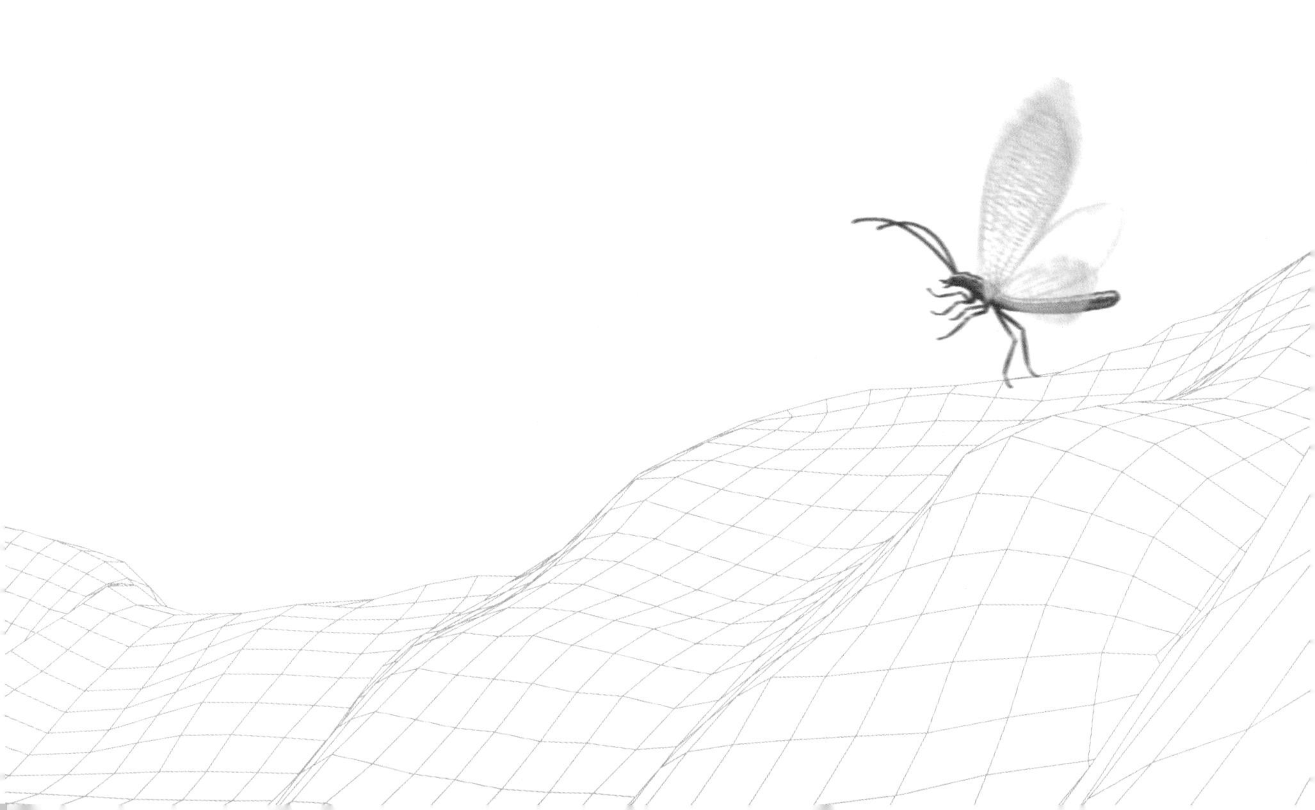

昆虫杀手

我们回到大约 1.65 亿年前的中国北方，时代是中晚侏罗世，此时五彩斑斓、有羽毛的近鸟龙正在茂密的森林中逍遥地俯冲。还有一种不那么艳丽的动物飞过树梢——它是真正的飞行者。这是蛙嘴翼龙，属于翼龙类（一类会飞的爬行动物）。凭借卓越的视野，它发现一只草蛉懒洋洋地在池塘上。当蛙嘴翼龙接近时，这只草蛉感受到一股气流，但蛙嘴翼龙挥动的翅膀之间所形成内漩涡气流困住草蛉，使它无法动弹。这只草蛉被蛙嘴翼龙长长的胡须缠住，一秒后就被吞入口中。蛙嘴翼龙的飞行在此告一段落。

蛙嘴翼龙是一种毛茸茸的棕色动物，翼展只有 35cm——大约是鸽子翼展的一半——但它的飞行技巧高超，可以灵活地在树枝间跳跃和巡弋。它可以在接近障碍物或转弯时独立操作单边翅膀，将另一边翅膀塞进身体，以确保翅膀在这个拥挤的环境中不会受伤。它短而宽的翅膀类似现代栖息在森林的鸟类；海鸥等主要生活在开阔地形中的鸟类则有长翅膀。这种翅膀的长短差异是必须的，能避免翅膀因为复杂的环境而受损。

蛙嘴翼龙的翅膀毛茸茸的，呈褐色。其手是用来抓取猎物的。

对页：
蛙嘴翼龙科的阿蒙氏蛙嘴翼龙（*Anurognathus ammoni*）来自德国南部巴伐利亚州索罗霍芬石灰岩，这里也是始祖鸟的发现地。这个精美的完整的化石展示了阿蒙氏蛙嘴翼龙的长腿、短尾巴、长而有力的翅膀和具有宽嘴的头骨。

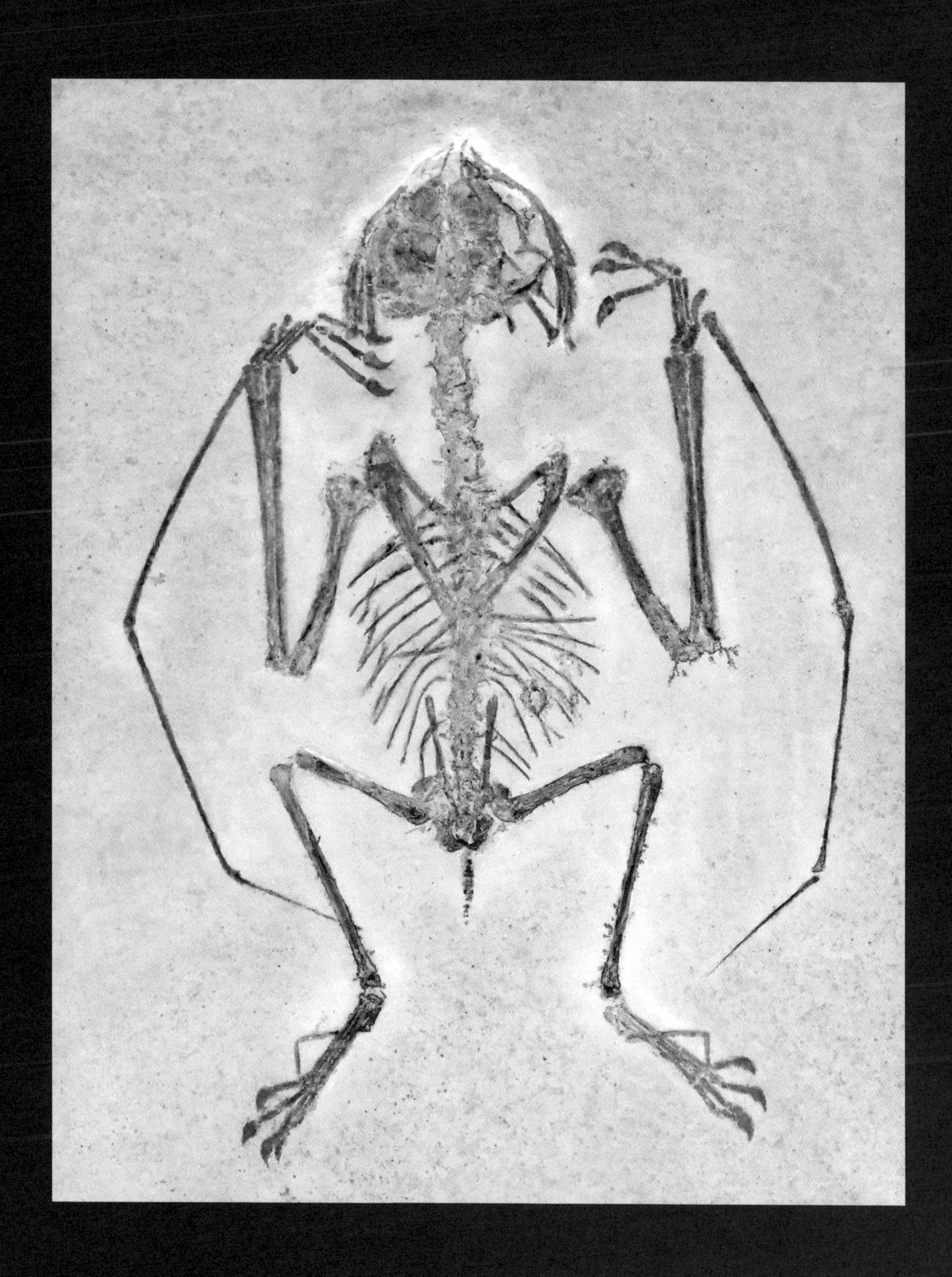

瓦努阿图飞狐，一种以水果和其他植物性食物为食的大型蝙蝠。与比它更著名的表亲——夜行性的微型蝙蝠不同，瓦努阿图飞狐白天觅食。

我们的蛙嘴翼龙科标本于 2017 年被发现，属于中国内蒙古燕辽生物群的一部分，但还没有正式的属种学名。蛙嘴翼龙科是侏罗纪和早白垩世翼龙的一个小类群，与其他翼龙不同的是，这种翼龙的脸很短。第一件蛙嘴翼龙的标本于 1923 年在德国被发现，之后，中国、哈萨克斯坦、蒙古国甚至美国都发现了属于该类群的精美标本。

新发现的中国蛙嘴翼龙有脸短、嘴巴宽的特征。其眼睛很大，且朝向前方，这意味着这种动物的双眼有着三维视觉。许多动物位于两侧的眼睛就有不同的视野，如狗、牛和马；但是现今的飞行动物，如鸟类和蝙蝠，其眼睛都已经转向了脸的前方。这意味着左右眼的视野重叠，正是这种重叠的视野使我们能够判断物体的距离。三维视觉对这些动物来说非常重要，这样它们才能从一个树枝跳到另一个树枝或安全着陆。如果猴子的眼睛位于头部两侧，它就无法精准地跳到树枝上，会重重地摔落到地上。蛙嘴翼龙科标本的大眼睛表明它也具有出色的视力，可以在昏暗的森林光线下或是一定距离内精准捕捉到猎物的动作。

它的身体完全被浅棕色的短毛所覆盖，背部颜色有些不同。这些毛皮是由细小的短须所组成的，其中一些短须还带有分岔，很可能是某种简单的羽毛。短须在头部和身体上非常密集，为高体温和活跃运动的生活方式提供保温。翅膀上分布着更稀薄的短须，手和脚大多是裸露的。

翼龙家族

翼龙是一群迷人的飞行爬行动物，它们在地球上的时间跨度几乎与恐龙的时间完全一致。最古老的翼龙标本来自晚三叠世，较多来自如今的意大利北部和瑞士，并在全球范围的侏罗纪和白垩纪地层都有发现。大多数早期的翼龙很小，翼展可能只有半米多一点，且它们（除了蛙嘴翼龙科）大都有一条长尾巴。从白垩纪开始，翼龙的翼展开始变大，在早白垩世可达 3~5m，在晚白垩世更达到 5~12m。最后的翼龙与最后的恐龙同时灭绝，那是在 6600 万年前的白垩纪末期，一颗巨大的小行星撞击地球时。

当翼龙在 200 多年前首次被发现时，就被正确地解释为一种飞行生物——长长的翅膀和轻盈的身体清晰可见。一些如蛙嘴翼龙等的种类，有短而宽的翅膀，适合在茂密的森林中躲避障碍物；其他的种类则长着细长的翅膀，可以翱翔，真正为速度而生。古生物学家在他们的研究中得到了航空工程师的协助，因此现在对大型翼龙的飞行运作方式有了深入的了解。

一些来自德国的早期发现显示蛙嘴翼龙具有某种毛皮，因此古生物学家在 19 世纪 40 年代开始将翼龙复原为毛茸茸的蝙蝠型生物。即使在那个时候，生物学家也明白鸟类和蝙蝠等活跃飞行的脊椎动物都具有很高的新陈代谢率。高新陈代谢率意味着高能量输出，这是维持飞行所必需的，必须以高能量（来自营养的食物）和高氧气作为其高能量输出的燃料。为了保护这套生理系统，一定程度的保温是必不可少的，而毛皮可以保持热量并减少能源浪费，但这对小动物来说是一个特别高的风险因素[1]。昆虫生理代谢的方式虽然与飞行的脊椎动物不同，如飞蛾和蜜蜂等较大型昆虫，但基于同样的原因也有长毛。

自从翼龙被发现以来，古生物学家就一直在争论它们的起源。虽然它们在某些方面可能类似蝙蝠，但它们一直被归类为某种爬行动物。像蝙蝠一样，它们的翅膀是由手臂进化而来的，并由一层薄薄的皮肤沿着手臂伸展而成。然而，蝙蝠的翅膀是分段的，所有手指都延伸穿过

1　体形越小，表面积就相对越大，与外界接触面积越多，因此更容易消耗热量。——译者注

这是对翼龙外貌复原的首次尝试，爱德华·纽曼于1843年出版的一幅生动的图画。当时，纽曼认为它们是某种会飞的有袋类动物，虽然与事实相去甚远，但至少它们被保温毛皮覆盖的想法是正确的。

结构；而翼龙只有无名指是细长的，其他手指都很短，可用来攀爬和抓握。翼膜从膝盖和身体侧面延伸到无名指的末端，由于没有其他手指协助翼膜的伸展，翼膜被一种名为放射纤维的胶原质细棒加固，这些细棒从膜的前部到后部呈对角线延伸。

其他动物没有这样的翅膀，所以翼龙在演化树中的位置究竟在哪里呢？目前最古老的翼龙都已具有这些翅膀及相关的其他特征，而在翼龙和其他生物之间却没有明显的中间过渡形式。这个情况使古生物学家开始重新审视研究恐龙及其祖先时应用的分支系统学方法，他们鉴定出许多共有的演化特征，并以此重建演化树。事实证明，翼龙的后肢与恐龙及其直系祖先的后肢非常相似。虽然一些研究人员认为翼龙在爬行动物的演化树上有更早期的起源，但大多数人同意翼龙后肢的演化特征（伸长的脚、铰链状的踝关节和膝关节及球窝状的髋关节）仅在翼龙和恐龙间共有，因此这两个群体有同一个祖先。

这意味着有一个更广泛的类群，这个类群包括恐龙和翼龙及它们的直系祖先，这个类群的名字是鸟跖类（*Avemetatarsalia*），这个有点拗口的名字是我在 1999 年创造的。这个名字的意思是“鸟的跖骨”，即将跖骨作为长的踝骨，所有的证据都表明这个类群起源于早三叠世。在 2.52 亿年前，著名的二叠纪末大灭绝摧毁了 95% 的物种之后，生态系统在持续重建。陆地和海洋中为数不多的幸存者继承了一个满目疮痍的世界。但是，少了那些在灭绝前的生态系统中已然固定的动植物，幸存者建立了全新的生活模式和生态交互作用。包括各种内温动物在内的陆地动物有更迅速的生活模式和直立的姿势。

早期的鸟跖类是一种小型、直立的四足动物，有很快的速度及很高的智商，是中生代主要生物的祖先。从早三叠世到晚三叠世有将近 2000 万年的化石空缺，我们知道当时一定有翼龙和恐龙，但迄今还没有发现任何化石。这是我向我的学生们提出的挑战——我们知道它们曾在那里，所以去找出这些最早的恐龙和翼龙吧！

密集纤维？羽毛？

我们有翼龙毛皮的证据，但它到底是什么呢？ 1996 年，当时在布里斯托大学工作的戴维·昂温和娜塔莎·巴库丽娜仔细研究了保存最完好的翼龙皮肤化石。这块化石来自晚侏罗世的哈萨克斯坦，根据标本特征被命名为多毛索德斯翼龙（*Sordes pilosus*），意思为“毛茸茸的恶魔[2]”。昂温和巴库丽娜在各种光线下以及使用显微镜研究该标本，他们注意到该标本有各种纤维结构，包括翅膀上的放射纤维和用来帮助翅膀和身体保温的细长毛须。这两个细长的结构在组成和功能上完全不同。

2009年，巴西的翼龙专家亚历山大·凯尔纳将翼龙的保温毛须命名为密集纤维。凯尔纳一直在研究保存完好的热河翼龙（*Jeholopterus*）标本，这是一种来自中国的蛙嘴翼龙类，他可以非常清楚地看到毛须和放射纤维的区别，并意识到这些毛须需要一个名字。哺乳动物的毛发、鸟类的羽毛和翼龙的密集纤维都被认为具有相似的起源和功能——它们来自皮肤的毛囊，主要由角蛋白构成，其作用是在身体上形成一层保温层。

其后，古生物学家在翼龙的密集纤维中发现了黑素体，这显然提供了进一步的证据，证明毛发、羽毛和密集纤维在结构上基本相同。生物学家也一直在研究鸟类和哺乳动物的胚胎，并发现让鸟类羽毛和哺乳动物毛发产生的是同样的关键调控基因。这证实了毛发和羽毛具有“深度同源性”，意味着它们在脊椎动物历史的早期阶段就有演化起源了。我们无法分析翼龙的基因组，但在早期胚胎中，密集纤维的生长似乎也受到了类似的调节作用。

在2019年的一篇论文中，南京大学的姜宝玉和我在布里斯托大学的团队做出了一个相当大胆的断言，即所谓的密集纤维实际上就是羽毛。我们的研究来自姜宝玉在2017年应邀前往内蒙古进行实地考察时获得的两件蛙嘴翼龙科标本。每块石板都在岩石中显示出完整的翼龙骨架，它的身体和头部位于中心，翅膀在两侧折叠。昆虫遗骸散落在石板上。我曾在野外花了一周的时间去凿石，也发现了许多昆虫的化石，包括小苍蝇、石蛾和蟑螂及保存精致的草蛉，但就是没有一丝翼龙化石或恐龙化石的踪迹。

2 属名的 *Sordes* 在拉丁文中是恶魔的意思。——译者注

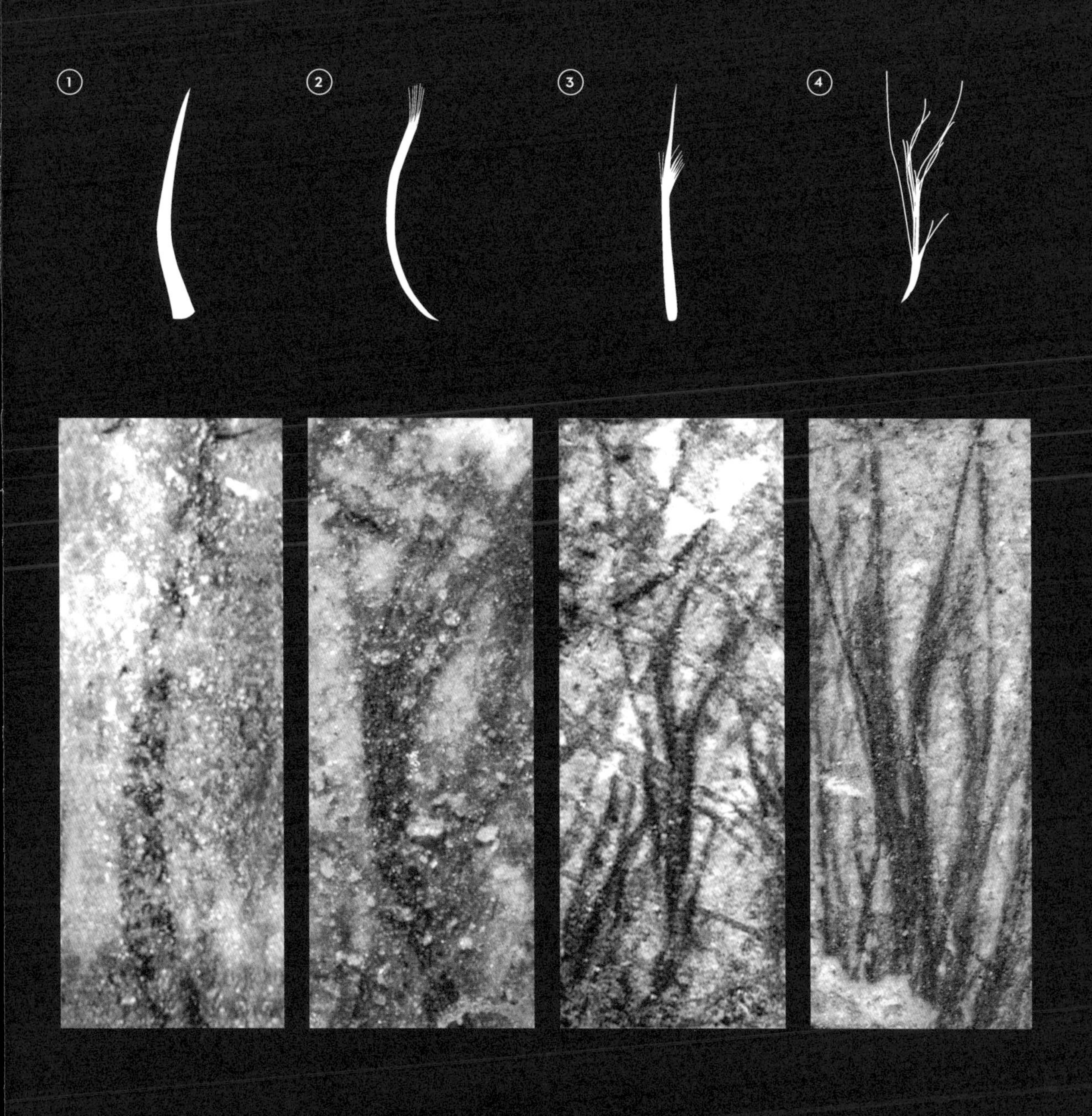

中国的蛙嘴翼龙科标本，展示了全身的完整骨骼，腿和翅膀是收起来的。从头部、躯干、腿和翅膀部位的 4 种羽毛类型，包括简单的细丝①、簇绒单丝②、中间有簇绒的细丝③和蓬松的羽绒型羽毛④。

姜宝玉的学生杨子潇曾仔细研究了翼龙的标本，发现它们的头部和背部都有纤细的密集纤维。这些密集纤维含有丰富的黑素体，提供了燕辽蛙嘴翼龙科标本呈浅棕色的证据。他们还带来了另一个惊喜。杨子潇区分了翅膀上的密集纤维和放射纤维，然后惊奇地鉴定出 4 种密集纤维：1 种是如我们预期的简单单丝，正如凯尔纳 10 年前所描述的那种，以及另外 3 种分岔的丝状结构。有些密集纤维在基部分岔，就像鸟的绒羽一样；而另一些密集纤维则在结构的末端或中间有簇。这让我们重新思考密集纤维的意义，其中许多表现出分岔的结构证实了这些密集纤维实际上就是羽毛。（羽毛在字典中被定义为有分岔结构，故得证。）

蛙嘴翼龙科的成员有着大眼睛，它们的视觉是三维的。这使它们像鸟类一样适应飞行——飞行需要三维视觉，以确保它们能够很好地判断距离，以免一头撞到树上。

令人震惊的翼龙羽毛

如果恐龙和翼龙都有羽毛，那么这表明羽毛可能起源于鸟跖类祖先。这一说法仍需进一步研究，如果能找到更古老的标本，就会更有说服力。

然而，自 1996 年以来发现的一系列有羽毛的生物化石表明，在 1.5 亿年前的始祖鸟中所发现的羽毛虽然在过去被认为是最古老的，但实际上是演化树上继承而来的。首先，羽毛被认为早在中华龙鸟时期就已经存在，在演化方面就和始祖鸟有一段距离了。然后，在 2014 年，我们关于库林达奔龙羽毛的报告将羽毛的起源点移至恐龙的起源时期。而我们在 2019 年对翼龙羽毛的研究结果，则将起源点再向前移动到了鸟跖类的演化起点，大约在 2.5 亿年前，比始祖鸟还早 1 亿年。

一些学者认为，在兽脚类恐龙、鸟脚类恐龙和翼龙类中，羽毛多次独立出现；但更简单的解释则是单一起源，以及随后羽毛在装甲类恐龙和蜥脚类龙中缺失。无论哪种方式，羽毛最初的出现不是为了飞行，而是为了保温才演化出来的，然后可能是为了展示，最后才是为了飞行。

这一观点仍在热烈争论中。古生物学是一门“古老”的科学，它的起源可以追溯到 200 年前甚至更早，但新的化石仍然在持续引发轩然大波。

15

雷神翼龙

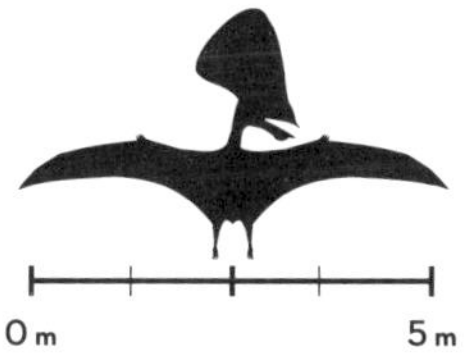

早白垩世 1.2亿—1.1亿年前

120—110

0 m 5 m

彩色头冠

就是这类动物使古生物学如此受欢迎。无论是谁看着雷神翼龙都会脱口而出："这不可能是真的，看那个疯狂的头冠，它肯定飞不起来。这纯粹是幻想生物！"然而这种动物是真实存在的，曾有无数看起来难以置信的翼龙翱翔在我们的天空中，而它只是其中之一。

我们现在回到 1.13 亿年前的巴西早白垩世。这次的场景是一个热带环礁湖，温暖的浅海充满了鱼类和其他海洋动物。大型翼龙俯冲到水面上，偶尔将喙浸入水中捉鱼。海滨长满了蕨类植物、种子蕨和高大的针叶树，尤其是智利南洋杉。这些树是许多昆虫、蜘蛛、树蛙、蜥蜴和鸟类的家园。鳄鱼懒洋洋地游来游去，在浅水区捕食鱼类。

1910 年，乔治·伊顿在其经典作品中复原了北美洲晚白垩世巨型翼龙类的无齿翼龙（*Pteranodon*）。注意它翅膀的长度与躯干的大小是成比例的；然而它细长的脖子和又大又轻的头部一直困扰着空气动力学专家。

但吸引我们注意力的是翼龙。它们体形巨大，翼展可达 5m，且它们中的大多数有大而笨拙的脑袋，头部的外形和比例都令人难以置信，雷神翼龙也不例外。它长而无牙的下颌和深喉囊证实了它是一种食鱼动物。一只雷神翼龙掠过水面，几乎没有拍动它的翅膀，而是依靠海浪的

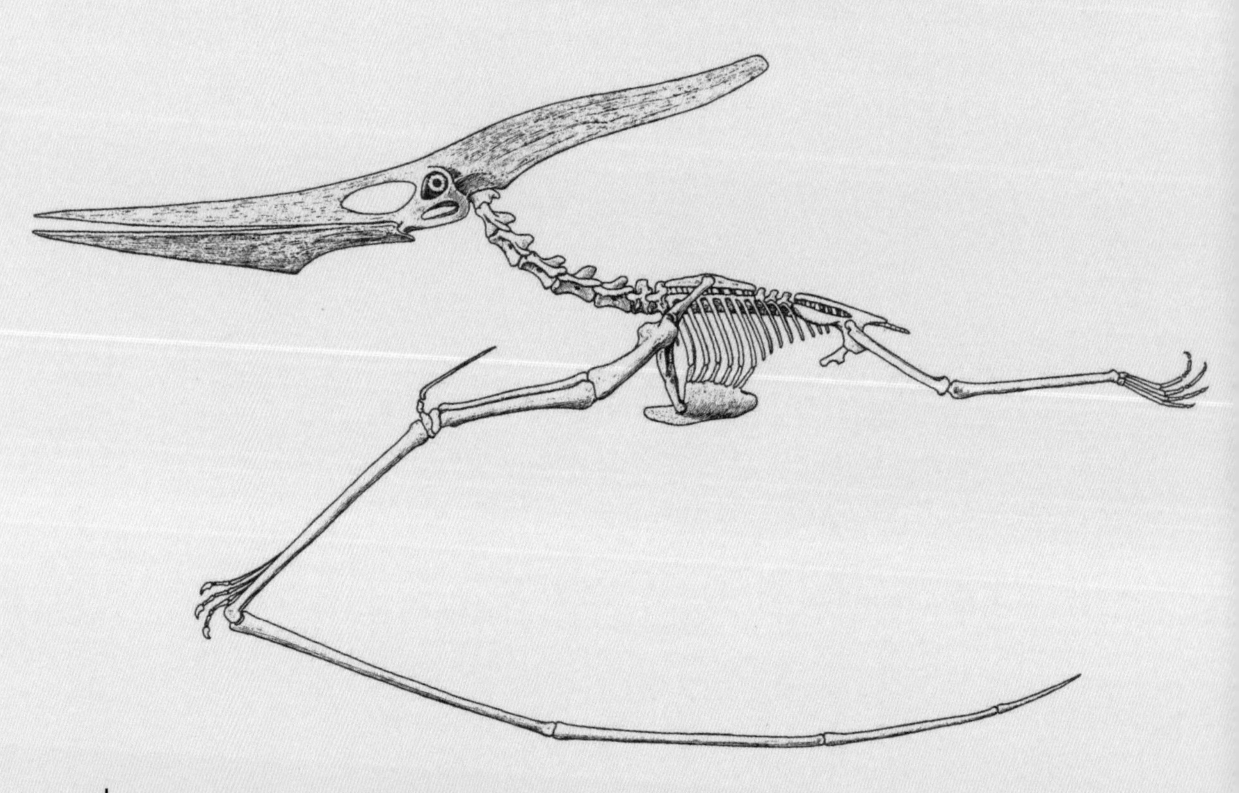

上升气流来保持一个恒定的高度。它的头左右摆动，用那闪烁的小眼睛在水中寻找猎物。柔软的白沙里有什么东西在搅动——一条扁平的鱼在移动。雷神翼龙倾斜它的头，在接近猎物时拖着下颌到水中，它低下头并舀起沙子，然后开始拍打起翅膀。水从嘴巴两侧流出，喉囊被填满。被吞到口中的鱼正在喉囊里敲打和蠕动，但随着它的头部向上倾斜，这个蠕动移动到颈部，然后向下移动。这只翼龙的肚子略显丰满，它继续飞行，在岸上寻找一个可以安全栖息并消化食物的地方。

雷神翼龙最令人吃惊的特征无疑是它的头冠。它的身体上覆盖着短的棕色的须状羽毛，巨大的头冠颜色鲜艳。这种身形向古生物学家提出了一系列问题：动物怎么能把这个巨大的东西顶在头上？为什么它的头冠不会以某种方式阻碍它飞行？为什么头冠的颜色如此鲜艳？

巨型翼龙

1840 年，人们在英格兰南部发现了白垩纪翼龙的化石。尽管许多化石只是单独的颌部、翅膀骨头或是一些头骨碎片，但它们已经表明在白垩纪存在比当时所知的侏罗纪翼龙更为巨大的种类。

当美国古生物学家爱德华·科普和奥思尼尔·马什开始在美国中西部挖掘恐龙时，同样的故事再次出现（见本书 P17）。在 19 世纪 70 年代，他们都开始鉴定翼龙骨骼，但这些化石都非常不完整。然而，他们似乎找到了比英国发现的标本还要大得多的种类。1876 年他们发现了一个完整的头骨，马什将它命名为无齿翼龙（*Pteranodon*）。这个头骨与之前发现的类型完全不同——它足足有 1m，且长而深的下颌形成一个尖锐的末端，但没有牙齿。它的眼睛和大脑被塞进一个小空间里，位于头部后面突出的长长头冠之下。正是这个头冠的大小让马什备感惊讶：翼龙怎么能平衡这个 1m 长的“斧头”，并且还能飞起来？

次页：
无齿翼龙的完整骨架，展开翅膀，在晚白垩世的北美洲西部内海上空翱翔。

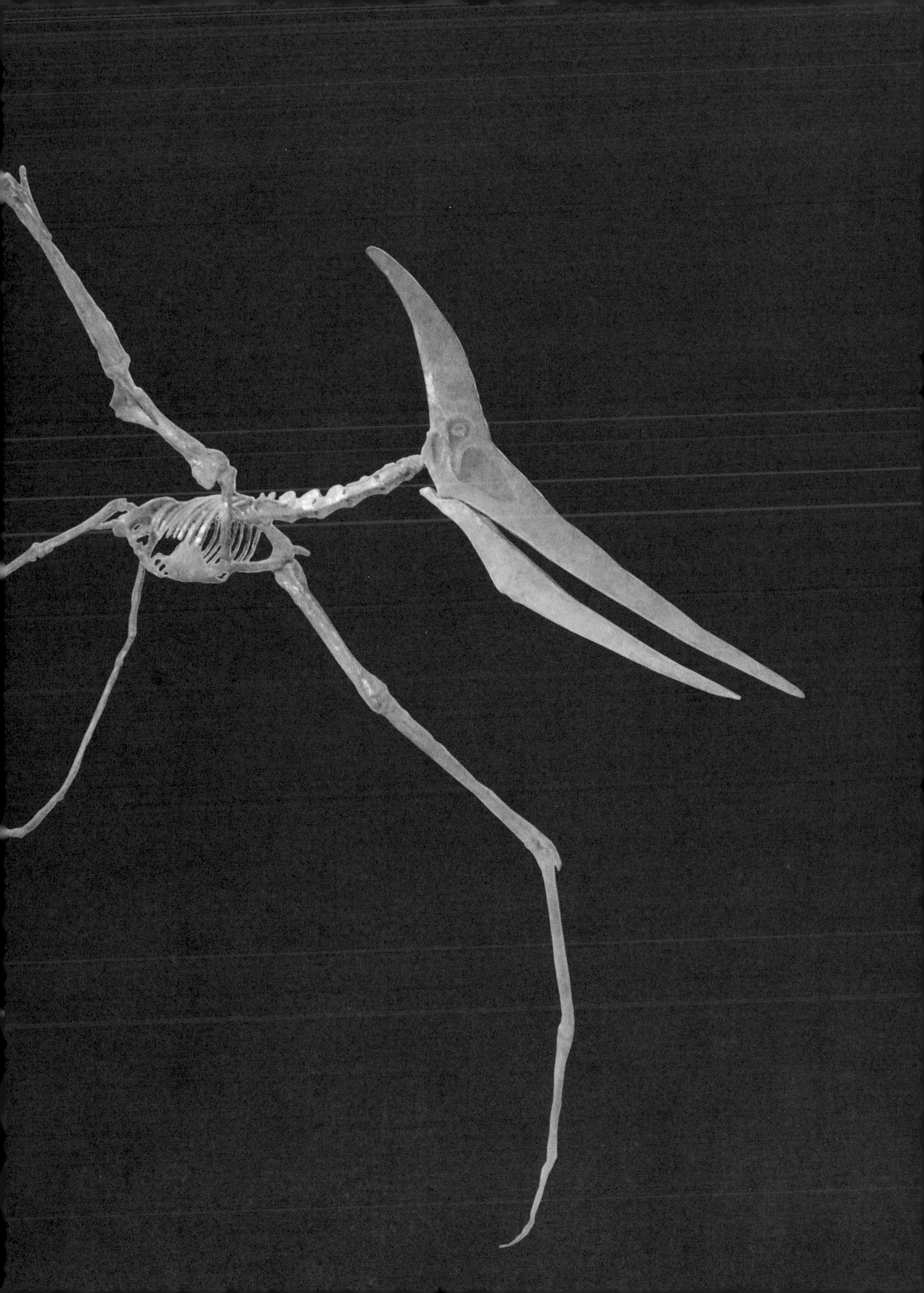

1910 年人们已经发现了足够多的无齿翼龙骨骼碎片，这让古生物学家乔治·伊顿能够进行完整的复原工作。这项工作和后来的研究表明，无齿翼龙的雌性翼展约为 3.8m，雄性翼展约为 5.6m。关于头冠的功能则存在无休止的争论——它是为了平衡前面的长喙？还是能像风向标一样协助翼龙转向？或者在飞行时它能保持气流从鼻子笔直进入？而更根本的问题是，无齿翼龙究竟能飞吗？

许多生物学家看到无齿翼龙的骨骼就宣称这种生物肯定不会飞。毕竟，当今世界上最大的飞鸟信天翁的翼展仅为 3.7m 左右，并且这已让它难以着陆和起飞。信天翁一旦飞行，就会利用自然气流保持在高处，而不会过多地拍打它巨大的翅膀，但遇到着陆和起飞时状况就很尴尬。很多人见过鹅或天鹅降落在湖上——它们在高处飞行时可能看起来很优雅，但当它减速着陆时，会将尾羽收起，双脚伸直向前，然后脚先撞击水面。这看起来就像一个糟糕的滑水者，它在水面上浮沉，用脚减速，疯狂地摇晃，用翅膀防止自己倾倒。

然而，翼展动辄超过 5m 的无齿翼龙有轻巧的骨架，如果它不会飞行，为什么会出现这些适应特征？在 1974 年的一篇经典论文中，现代蝙蝠和蝙蝠飞行专家凯莉·布拉姆韦尔和雷丁大学的物理学家乔治·惠特菲尔德正面解答了这个难题。他们计算了翼龙的体重和飞行特性，得出它肯定会飞的结论："考虑到它的生活方式，翼龙可能生活在迎面风势强烈的海边悬崖上。"降落在顶部后，它会向前爬（既不能站立也不能行走），并用后脚悬垂在悬崖边上，从这里它可以很轻易地起飞。在悬崖附近飞行时，它会在山坡上翱翔；当出海很远时，它会利用温暖的海面对流产生的微弱热气流。对这种慢速的滑翔飞行模式来说，翼龙不可能在海浪上进行动态翱翔和倾斜俯冲。他们估算大型无齿翼龙的体重仅有 16.6kg，这个体重可以很轻易地用其巨大的翅翼支撑起来。

在搜索有关布拉姆韦尔和惠特菲尔德的信息时，我发现了一段 BBC 视频。这段视频可以追溯到 1982 年，其中年轻的凯莉·布拉姆韦尔谈到了她的宠物——一只名叫球球的果蝠，以及她如何帮它吸引雌性果蝠来留住它。她报告说，球球已经和这些雌性果蝠生了大约 100 只小果蝠。布拉姆韦尔习惯在参加聚会或购物时将球球戴在脖子上。她在 1974 年发表的详细论文就算放到今天仍然是一篇佳作，文中描述了布拉姆韦尔

1974年科学家用无齿翼龙的模型进行实验。生物学家凯莉·布拉姆韦尔和物理学家乔治·惠特菲尔德打造了真实大小的无翼龙模型，翼展为7m，并像图中一样用手或从巨大的弹射器发射出去。他们的首要目标是先研究模型的适航性，并且还试图增加一些动力，但电机和电池的重量使这项实验变得无法实施。

对页：
马克·威顿绘制的著名的风神翼龙在地面的复原图。这种来自得克萨斯州晚白垩世的翼龙无比巨大，像长颈鹿一样高，如果它能够飞行，那其重量肯定只是长颈鹿重量的一小部分。

对已灭绝动物进行了仔细的解剖学研究和生物力学细节的分析。

两年后，1976 年，人们在得克萨斯州发现了一件更大的翼龙标本。这就是风神翼神（*Quetzalcoatlus*），同样来自晚白垩世，估计翼展为 10~11m，约是无齿翼龙的 2 倍。最初仅发现了一些零碎的骨头——下颌和一些非常长的颈部骨骼——但后续更多的遗骸发现让科学家们得以重建这种生物的骨骼。这只翼龙站在地面、翅膀折叠起来时，和长颈鹿一样高。这种庞大的神奇生物肯定不会飞了吧？

2010 年，古代动物的生物力学专家和北方盾龙的共同发现者唐纳德·亨德森估计风神翼龙重量约 540kg，显然它无法飞行。但也存在其他观点，包括迈克·哈比卜和马克·威顿的研究，他们估计风神翼龙的体重为 200~250kg。根据这个计算，风神翼龙确实可以飞行，但仅适合长距离、持续性的飞行，并能够在 7~10 天的连续飞行中飞越数百万米。然而，当所有专家被要求解释这种巨大的动物如何能够在不破坏身体结构的情况下成功起飞和降落时，他们都很难做出明确回答。

头冠、黑素体和美丽的头冠

与最早发现的翼龙不同，雷神翼龙的标本通常非常完整，因为它们是在缓慢堆积的石灰岩沉积物中被发现的，埋藏在巴西东北部的阿拉里佩盆地。海洋鱼类的化石，以及从附近陆地吹入环礁湖的翼龙、植物和昆虫的遗骸，落在沉积物表面，并被缓慢移动的新沉积物轻轻覆盖。在某些情况下，埋葬的速度很快，让鱼的肌肉和翼龙的皮肤碎片等软组织得以保存。

当发现像雷神翼龙这样有头冠的翼龙时，这些情况变得难以解释。头骨的下部很像一个斧头，头骨包括颌部和眼窝，在其上方有一个垂直上升的骨质支柱，就像游艇的桅杆一样。在这个骨质支柱的后面有部分是黑色的有机残留物，表明曾经存在皮肤。因此，头冠由前面的骨支柱支撑，但其余部分只有皮肤，这有助于减轻该结构的重量。

在 2011 年的一篇论文中，巴西古生物学家费利佩·皮涅罗和他来自南大河联邦大学的同事研究了一件雷神翼龙的标本，他们不仅如预期的那样在标本的头部周围发现了密集纤维，也在它的头冠上发现了这种纤维结构。他们注意到从鼻子到头冠顶部都有近乎垂直的纤维。事实上，整个头冠都含有这些纤维，它们或多或少是垂直的，能使头冠上的皮肤变硬，就像放射纤维使蛙嘴翼龙的翼膜变硬一样（见本书 P216）。他们注意到头冠形状有两种可能，一种是帆的后缘凹入，另一种是凸出为圆形边缘。他们还注意到头冠皮肤上有明确的色彩花纹，但无法确定其颜色。

对页：
雷神翼龙的头骨，呈现出非凡的形状。它头上的展示帆使得它的其他特征都黯然失色，这个头冠由皮肤制成，支撑在前后薄薄的骨头夹板上。甚至在下颌也有一个显著的下降凸缘，短缩的口鼻部形成一个狭窄的结构，这种动物在飞行时能切开气流，也能在生活中发出复杂的信号。

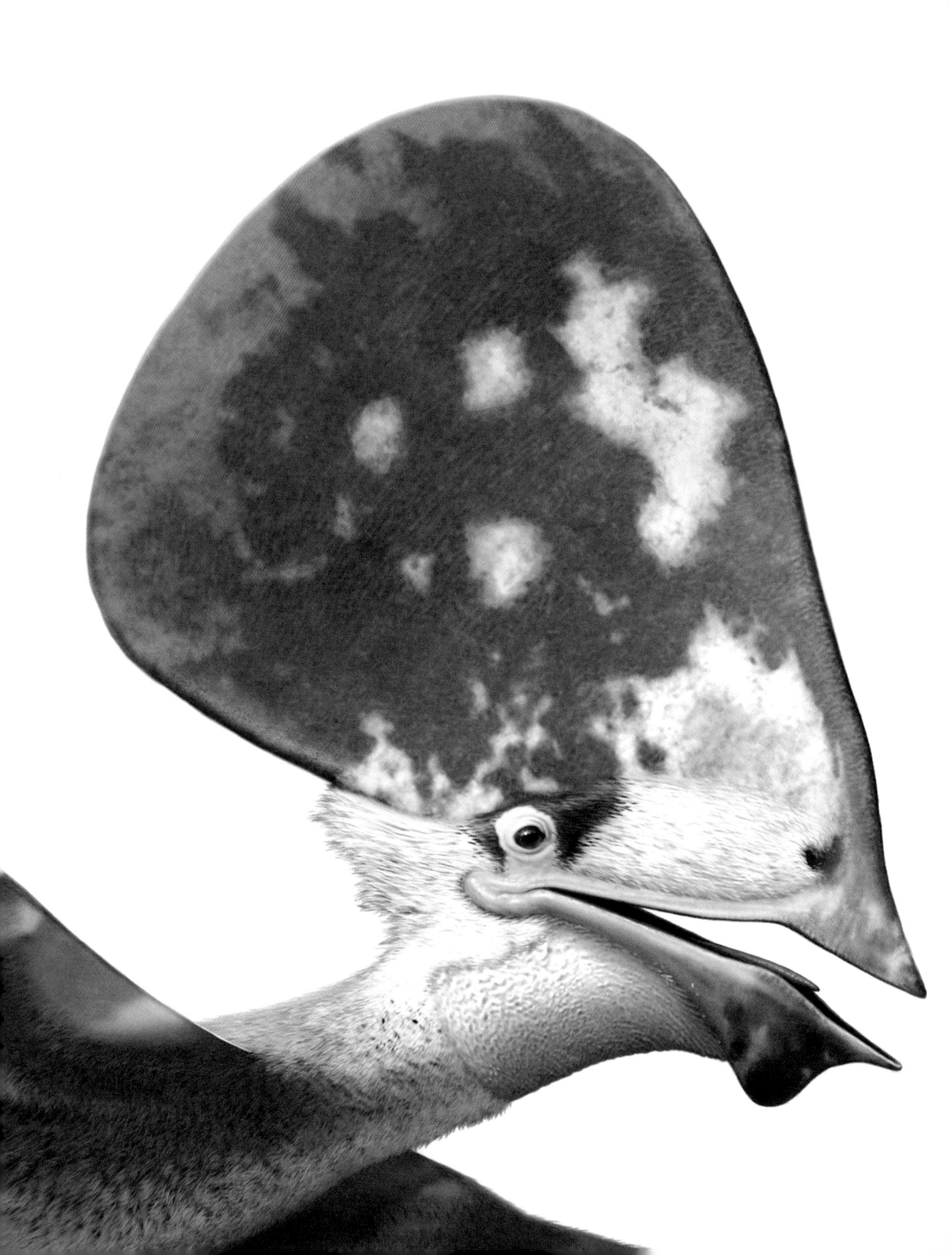

一年后，在 2012 年，皮涅罗的团队报告了在同一标本中找到的细菌化石，保存在软组织头冠上的包含非常微小的球形和杆状颗粒体。他们最初猜测这些可能是黑素体，但最终得出的结论是这些结构的组织方式不够规则，因此肯定是分解尸体的细菌。然而，随后其他研究人员指出，这些颗粒是存在于皮肤中的，因此几乎可以它们肯定是黑素体，并且这也为有颜色的花纹提供了证据。

在 2019 年的一篇论文中，皮涅罗的团队采用化学分析方法，表明头冠上同时存在真黑素体和褐黑素体，但主要是后者。他们的观点受到以下事实的影响：颗粒大小非常均匀（细菌可能会大小不一）；没有分裂的证据（黑素体不会分裂，而细菌会随着它们的生长而分裂）；并且没有细菌副产物的迹象。化学测试表明，这些颗粒保留了微量的黑素体，但更多已被磷酸钙所取代。这些磷酸钙可能主要是从翼龙身体的腐烂组织中重组而来的。

2020 年，多伦多大学的卡里・伍德拉夫、达雷纳・奈什及杰米・邓宁共同提出，雷神翼龙的头冠甚至可能会光致发光[1]。他们的这一论点是基于以下观察结果：许多现代蜥蜴和鸟类的某些结构只能在紫外线波长下才能被看到，而实际上许多动物却可以看到这种颜色。一些海鸟，例如海雀和一种海鹦，它们鲜艳的喙部周围就具有光致发光结构，因此其他具有紫外光谱视觉能力的鸟类，都可以看到显著的喙结构。

在这些鸟类中，光致发光结构表现在喙的角蛋白鞘或特殊的头冠，后者有时被称为盔状突起[2]。因此，伍德拉夫及其同事认为，在各种恐龙和翼龙类中所见的突出头冠及被角蛋白所包裹的喙也可能是光致发光的。在对北方盾龙背棘上的角蛋白鞘进行的测试中，这些研究人员发现其上的细长条纹至今仍可以在化石中发出光致发光的光芒。

让我们回到早白垩世的巴西东北部，我们可以想象雷神翼龙那巧夺天工的头冠在黄昏时分闪烁着不同的色彩，雄性和雌性也许会表现出不同的图案，在薄暮的昏暗中上演着壮丽的“灯光秀”。

对页：
雷神翼龙有超凡脱俗的魅力。可以翻回到前一页看看极度轻巧的头骨是如何支撑起这令人惊叹的头冠的——这一切都只有一层薄薄的皮肤层，由两个骨头支柱像帆一样向上支撑开来。头冠上斑驳的色调一定向该物种的其他成员发出了重要的信息，颜色甚至可能随季节而产生变化。

1　指物体吸收光子后再发出辐射的过程，属于一种冷发光。——译者注
2　如犀鸟、鹤鸵（食火鸡）及变色龙头上的头冠。——译者注

图片来源

a = above, b = below

12-13 Library of Congress, Washington, D.C.; **14-15** Photo Paolo Verzone/Agence VU; **16-17** Wellcome Collection, London; **18** Smithsonian Institution Archives, Washington, D.C.; **20-21** American Museum of Natural History, New York; **23** Courtesy Peter Galton; **25** Emily Rayfield/Science Photo Library; **35** Raju Soni/Shutterstock; **36-37** Courtesy Fiann Smithwick; **41** © Bob Nicholls; **43, 44** Photo Louis O. Mazzatenta/National Geographic Images; **48** schankz/ Shutterstock; **49** Tom Meaker/EyeEm/Getty Images; **50** Martin Shields/Science Photo Library; **51** Photo Diego Delso; **53** Jean-Denis Joubert/Getty Images; **55** Photo Leicester University, LEIUG 115562; **59** Jakob Vinther; **63** © Scott Hartman; **65a** Image no. 410765, AMNH Library, New York; **65b** Image no. 314661, AMNH Library, New York; **66** Frans Lanting, Mint Images/Science Photo Library; **68-69** Martin Shields/Science Photo Library; **71, 72** Photo American Museum of Natural History, New York; **76** Martin Shields/Science Photo Library; **77** © Scott Hartman; **78-79** Dr. Jingmai Kathleen O'Connor; **81** Matthew Shawkey; **83** Photo Avalon/Universal Images Group via Getty Images; **84-85** Melvyn Yeo/Science Photo Library; **91** Quagga Media/Alamy Stock Photo; **93** Cambridge University Library; **95** Natural History Museum, London/Diomedia Images; **96** Photo Louis O. Mazzatenta/National Geographic Images; **97** From L. Brent Vaughan, Hill's Practical Reference Library Volume II, 1906; **100** Roger Harris/Science Photo Library; **104, 106** John Sibbick/Science Photo Library; **107** Photo Louis O. Mazzatenta/ National Geographic Images; **108** Quanguo Li, University of Geosciences; Beijing, Keqin Gao, Peking University; Julia A. Clarke Texas University; Matthew D. Shawkey Ghent University; **111** Photo Stephanie Abramowicz/Los Angeles County Museum of Natural History; **112** Photo Louis O. Mazzatenta/National Geographic Images; **114** Quanguo Li, University of Geosciences; Beijing, Keqin Gao, Peking University; Julia A. Clarke Texas University; Matthew D. Shawkey Ghent University; **117** Raimund Kutter/imageBROKER/ Shutterstock; **120-121** James Kuether/Science Photo Library; **123** Millard H. Sharp/Science Photo Library; **124, 125** Natural History Museum, London/Diomedia Images; **127** Image no. 330491, AMNH Library, New York; **133, 134** Courtesy of Zhexi Luo, University of Chicago; **136-137** Nature Picture Library/Alamy; **139** Mary Evans/ Natural History Museum, London/Diomedia Images; **143** Mike James/ Science Photo Library; **146** Dorling Kindersley/UIG/Science Photo Library; **147** Chris R Sharp/Science Photo Library; **148, 151** Ignacio A. Cerda; **152-153** Rebecca Jackrel/Alamy; **155a** Steve Gschmeissner/ Science Photo Library; **155b** Ignacio A. Cerda; **161** De Agostini Picture Library/Diomedia Images; **162** Photo Louis O. Mazzatenta/ National Geographic Images; **165** Pascal Goetgheluck/Science Photo Library; **167** Chris Rogers; **168-169** Millard H. Sharp/Science Photo Library; **170** John Serrao/Science Photo Library; **176-177** Photo Royal Belgian Institute of Natural Sciences, Raphus SPRL; **180a, 180b, 181a, 181b** Photo Royal Belgian Institute of Natural Sciences; **185** Pascal Goetgheluck/Science Photo Library; **187** Paläontologisches Museum, Munich; **188** Dirk Wiersma/Science Photo Library; **190-191** Natural History Museum, London/Science Photo Library; **193** Museum of Natural History, Oxford; **194-195** Phil Degginger/ Carnegie Museum/Science Photo Library; **200-201** Veronique de Viguerie/Getty Images; **203a, 203b** Photo Royal Tyrrell Museum, Alberta; **207** Natural History Museum, London/Diomedia Images; **208-209** Photo Royal Tyrrell Museum, Alberta; **213** Sinclair Stammers/ Science Photo Library; **214** B.G. Thomson/Science Photo Library; **217** Natural History Museum, London/Alamy; **220-221** Professor Baoyu Jiang and Mr. Zixiao Yang, Nanjing University; **226** From George Eaton, The Osteology of Pteranodon, 1910; **228-229** Herve Conge, ISM/Science Photo Library; **231** Photo Brian Wickins; **233** © Mark Witton; **234** American Museum of Natural History, New York